環境科學概論

文系のための環境科学入門

藤倉良、藤倉まなみ◎著
翁御棋、李文英◎譯

譯 序

隨著民眾的環保意識高漲，諸多環境問題日益受到重視。本書整理了日本國內及世界各地所遭遇到的環境問題，以及目前為止所被提出的解決對策。作者並嘗試著以淺顯易懂的文字將環境科學專業知識傳達給大眾，藉此希望能夠提供一些科學的角度來關心周遭的環境問題。

每個人都擁有呼吸清新空氣，飲用乾淨水源，以及享受清潔的居住環境的權利。但是，人類在享受文明所帶來的便捷的同時，勢必會對地球環境造成某種程度的破壞。而如何在文明及環保中取得平衡，將破壞減輕到最低程度，則是需要運用科學的方法。譯者衷心希望民眾能不僅僅是懷抱熱情地關心生活環境，也能秉持著客觀科學的態度來看待正在發生中的環境問題。環境的規律還有很多是人類還沒有理解的部分。很難有完美的對策，但可以試著尋找出適當的目標與方法。

此外，相對於日本的流行文化，在台灣似乎比較少深入探討日本環境問題歷史方面的著作。藉由本書的介紹，或許我們可以借鏡和台灣自然環境和資源限制相似的日本在近兩個世紀裡，面對與克服公害問題的經驗與技術的發展，也包括日本環境相關法律訂定的歷程與社會背景，替台灣未來環境工程與環境政策的發展提供一些參考。

特別在一般民眾心目中可能會覺得日本是環境大國。但本書所介紹的日本過去公害事件的歷程和法規訂定的過程可能會改變我們對日本的一些看法。環境大國不是一天造成，也是基於克服過去慘痛教訓，一點一點累積而成的成果，現在仍是進行式，還有很多必須解決的課題。本書也強調許多污染防治技術的選用，也是與當時社會對環境問題的認知、社會價值觀與技術水準息息相關。而環境問題的解決，除了科技的進步之外，更重要的也是市民的共同努力。特別是兩位作者都曾長期在日本環境省相關

部會服務，本書不僅提供了許多作者獨到的學術見解也包含了作者長年的環境行政實務經驗與觀察。

日文原書是出版於2008年9月。距離現在已有一段時間。在此期間，日本和全世界的環境政策有不小的轉變，如2010年日本環境影響評估法的重要修訂、2010年於名古屋簽定的生物多樣性公約、2011年日本311大地震與海嘯引起的災害、福島核電廠事故、地球高峰會二十週年年會（Rio+20）的舉辦、2013年起京都議定書第二協定階段的開始、2013年底IPCC提出更具體詳細的全球暖化研究報告、日本核電停止之後再生能源的推動等，基於一些因素，很抱歉本書現階段對這些新的變化並沒有特別補充說明。目前網路的Wikipedia裡資訊都很齊全，也請讀者自行參閱，甚至也可以在國際組織的網站裡下載相關的全文報告書參考。新的變化還在發展中，或許讀者也可以由本書提供的訊息和自身的經驗，嘗試找出未來環境政策與人類文明該走的方向。

永續發展社會是當代世界各國公認的目標。為了達到這個目標，除了應用書中介紹的技術與政策工具之外，身為地球村的一份子，或許我們最實際，也是最簡單的行動，就是調整自己的生活方式與價值觀，減少不必要的能源與資源的浪費，並影響周邊的朋友。降低對物質的依賴，好好善用身邊的資源，自然就會減少污染並保存有限的資源，更可以提升整體的生活品質。這樣也可以留給後代子孫與其他一起在地球裡共同生存的生物繼續發展的機會。這或許是當代文明能否永續發展最重要的關鍵所在。

本書的翻譯若有不精確或不容易瞭解的地方，也敬請讀者包涵指正。有些日本用的專有名詞的名稱與定義和我國所使用的略有不同，也請讀者注意。

翁御棋、李文英

2014年4月於日本北海道札幌市

原 序

隨著泡沫經濟的崩壞，日本曾經有過一段不太能討論環境問題的時期。但是當全球暖化議題成為高峰會的討論主題時，環境問題又再度成為眾人注目之焦點。「ECO」成為日常生活用語之一，「環境」這個詞則是幾乎每天都被大眾傳播媒體所提起。

但是，民眾真的對環境問題有正確的理解嗎？日本國立環境研究所的青柳みどり女士的研究團隊曾以一般市民為對象進行調查後發現，只有少數民眾對於全球暖化和二氧化碳之間的關係有正確的理解。

環境問題雖然是人類活動和環境之間所產生的相互作用，但對於人類來說，環境是朝著惡化的方向逐漸在變化。而要理解環境問題，科學知識是不可或缺的。不管是在一百年前或許就在擔心全球暖化問題的人們，或是從五十年前就持續在夏威夷的山頂上監測二氧化碳濃度的人們，或是在二十年前利用所測定到的數據去預測未來氣候的人們，這些人全部都是科學家。

本書作者在大學中教授環境科學的課程時，發現有很多修課的學生在高中時代完全沒有修過任何化學或物理課程，有部分同學甚至也不能順利理解「對數」概念。

因此，本書是以當時授課的講義為基礎，針對文組科系的大學一年級生撰寫，並同時考慮到高中生或一般讀者也能理解的程度所編寫而成。

雖然書中有部分言及法律及經濟制度，但還是以探討問題發生的原因、機制，以及科學地討論應採取的對策為本書主要內容。因為沒有用數學或化學方程式來解釋，即使沒有高中程度的數學或理科知識，應該也可以大致理解本書內容。第九章所提到的全球暖化機制，雖然超過了高中教材的學習範圍，在撰寫時作者有特別留意內容的深度，讀者即使沒有專業知識，應該也能憑一般的生活知識大致掌握內容。

本書設計每一章為一單獨主題，不管從哪一章都可以開始閱讀，並不因前後順序有所影響。

第一章是環境問題種類及性質的概論。前半部的第二章到第六章介紹在日本國內所發生的地區性環境問題，接著後半部的第七章到第十二章討論全球規模的問題及日本以外的國家所遭遇到的環境問題，最後的第十三章則論述作為應用的環境影響評估。

本書的前半部及後半部若是分別再加入新的數據，便可能為上、下學期的教材。若將整本書內容濃縮，也可成為單獨一個學期的教材。

雖然很想將所有環境科學相關議題納入本書，但由於上課教材並沒有包含能源及資源、生物多樣性等主題，本書也就沒有納入。關於這點，請再參考其他的教科書。若是讀者能因為本書而產生對環境科學的興趣，進而再閱讀相關分野的專門書，對於作者來說是至高無上的喜悅。

在本書的執筆過程中，感謝山口大學今井剛教授、廣島大學金子慎治准教授及財團法人日中經濟協會的澤津直也先生提供了重要的建議及資訊。另外，在此也感謝協助本書出版的法政大學下村恭民教授，幫忙校稿的山根有紀子小姐，以及協助修改讓本書內容更加容易被閱讀的有斐閣書籍編集二部的長谷川繪理小姐。在此再次致上最深的謝意。

作者代表 **藤倉 良**

2008年7月

目　錄

譯序　1
原序　3

Chapter 1　緒論：環境問題與環境科學　9
環境問題　10
解決的方法　14
環境科學的角色　18

Chapter 2　大氣污染　21
既古老又新穎的問題　22
灰塵　23
硫氧化物　29
氮氧化物　34

Chapter 3　自來水與生活污水處理　41
自來水　42
下水道和化糞池　47

Chapter 4 水質污濁與土壤污染 59

有機污濁 60
優養化 63
礦業廢水 66
土壤污染 68

Chapter 5 惡臭和噪音 77

感覺公害 78
惡臭 80
噪音 88

Chapter 6 廢棄物與資源回收 99

廢棄物處理法 100
一般廢棄物 104
產業廢棄物 110
回收 113

Chapter 7 有害物質的標準 121

有害物質的定義 122
標準的設定 128
管制標準 134

Chapter 8 臭氧層 141
紫外線 142
臭氧層保護 152

Chapter 9 全球暖化 159
全球暖化的機制 160
全球暖化的未來 172
全球暖化的因應對策 179

Chapter 10 跨國性大氣污染 187
酸雨 188
光化學氧化物 197

Chapter 11 世界的淡水資源 201
水之世紀 202
國際河川 210

Chapter 12 中國大陸地區的資源與環境 219
作為研究案例的中國大陸 220
糧食需求、水與廢棄物 223

能源與空氣 228
政府的對策 232

Chapter 13 環境影響評估 237

環境影響評估 238
生命週期評估 243

參考文獻 253

附表一　水質與土壤的環境標準 257

附表二　噪音的環境標準 258

附表三　產業廢棄物的種類 260

Chapter 1

緒論：環境問題與環境科學

引言

環境科學的使命是研究問題的本質及因應對策的效果和費用，並將其用淺顯易懂的詞彙向市民及政治家說明。

但是，環境科學的對象相當複雜，與其相關的學門更是橫跨理學、工學、醫學、經濟學、社會學等。環境科學可說是一門綜合科學。此外，環境科學包含很大的不確定性，無法提出一個簡單明瞭的答案。這是環境科學的困難之處，但也是價值所在。

本章整理了環境問題的定義，及其如何與經濟活動相關聯，並探討可能的解決方法。

此外，本書中有關污染防制的對策之討論大致散見於各章節裡，而本章也提供了一個整體的概念。

»»» 關鍵字 »»»

環境負荷、經濟的方法、規範的方法、清潔生產、管末處理、環境科學的不確定性

環境問題

環境問題的意義

如果問民眾：**環境問題**是什麼呢？大概多數人會回答垃圾問題或是全球暖化。因為關於環境問題的報導，媒體大多著重於資源回收或異常氣候。雖然垃圾分類和節能的確是保護環境的重點，但是隨著時代的變遷，因為人類活動的不同，衍生出來的環境問題也有所變化。

若是問1970年的日本人同樣的問題，那大部分的人應該都會回答：公害。當時的日本被稱為「公害列島」，都市的空氣被嚴重地污染，河川流著深黑色的水。當時最重要的環境問題就是公害，全球暖化則是少數專家才知道的名詞。

若是改問生活在豐富自然環境中的現代人，或是為了享受自然而常旅行的人來說，環境問題當然就是如何保護現有的自然美景，抑或是如何避免日本原生物種被外來物種所侵略。

另外也有人認為最重要的環境問題應該是決定人類未來命運的資源問題。例如，如何確保食物來源以應付持續增加的世界人口，石油、煤或是金屬等地下資源何時會枯竭。

諸如此類林林總總的環境問題要歸納成一句話是很困難的，因此在此先下個簡單的定義：「當經濟活動對環境產生影響時，對人類也造成了不當影響」，可參見**表1-1**內容。

列於**表1-1**的各項環境問題，並不絕對是獨立的單一問題。例如，酸雨是空氣污染的結果，而廢棄物會成為問題也是因為其污染了空氣和水源。「環境和貿易」一項中，包括野生動物的國際交易導致稀有動物瀕臨絕種的自然保護問題，也有因為輸出礦產而導致礦山過度開發，礦坑的廢水導致河川污染等公害問題。很多問題都是環環相扣的。

表1-1 各式各樣的環境問題

1.公害：水質污濁、空氣污染、噪音振動、惡臭、地盤下陷、土壤污染。
2.廢棄物。
3.自然或生態系的相關問題，
4.全球規模的環境問題：氣候變遷（全球暖化）、臭氧層的破壞。
5.跨國境問題：酸雨、廢棄物的跨國移動、國際河川、海洋污染、沙漠化、環境與貿易。
6.資源問題：能源、糧食、生物多樣性、土壤劣化、淡水資源。
7.社會環境問題：居民的強制搬遷、文化資產（文化財）。

本書只將對人類造成不當影響的問題包含在內，若是起源於自然現象的環境問題則不在本書的討論範圍內。

例如有人認為日本的酸雨問題是因為火山活動的活躍，導致周圍區域的二氧化硫濃度超過環境標準所引起。但是像火山活動這種自然現象所引起的空氣污染和酸雨，不應被列為環境問題。

另一方面，因為全球暖化的緣故，大型颱風愈來愈多。但若是全球暖化的根本原因是因為人類的經濟活動造成了過度的二氧化碳排放，那颱風的增加就可說是環境問題。

但是當環境問題的定義只限定在對人類造成不當影響，而不考慮對自然生態系造成破壞的活動時，也會產生某些問題。例如，野生生物的絕種對人類來說會有不當影響嗎？針對這個疑問，目前的科學還沒有辦法找到確切的答案。但是，1993年所起草的生物多樣性條約是以「全部的生物對人類都是有益，任何一種生物的滅絕都會對人類造成不良影響」為前提所制定的。若由這個角度來看，那生物絕種也是一種環境問題。

另外，伴隨著水庫建設等開發行為所衍生的居民強制搬遷及古蹟文物保護的問題也可說是環境問題。因為像建設水庫這種經濟行為，會使被淹沒地區的環境產生巨大變化，對居民也會有不當影響。這種問題被稱為社會環境問題，是對於開發中國家進行援助時，最需要注意和謹慎考慮的事項。

環境問題的兩面

環境問題的產生，是隨著生產和消費所建構的經濟活動過程中，進行的資源利用和不要的物質的產生。

為了要製造汽車，必須要有讓工廠運作的能源，因此金屬和石油等資源成為製造汽車的原料。製造的過程中，工廠則會產生所謂的產業廢棄物。

而消費者買入汽車後，則需要加入石油才能行駛，同時行駛中則會排出廢氣。另外，如果消費者再也不打算行駛這輛車的話，這輛車本身也會變成廢棄物。

伴隨著經濟活動而產生的資源枯竭，無法永續利用的現象被稱為「資源耗損」，而產生的廢棄物已超出大自然自身的淨化能力，進而囤積在自然環境中的現象則是「污染」。這兩者就是環境問題的兩面（如**圖1-1**）。

資源的利用（例如天然資源的採掘）和廢棄物的產生（例如廢氣的排出）都可說是「環境負荷」。

同時造成資源耗損和污染的環境問題不在少數。例如水源若被污染了，那可用的水資源也就耗損掉了。全球暖化則有二氧化碳造成空氣污染的問題，但另一方面，也有如何確保石油的替代能源等資源問題。

資源耗損

在以前人口密度較低的社會裡，平均每人對能源所需不多，因此被消耗掉的能源，大自然本身尚有能力再生。但是，伴隨著經濟發展，人口逐漸增加，每個人對能源的需要量已超過大自然本身可再生的量，因此可利用資源愈來愈少。這就是**資源耗損**的開端。

以山田燒墾為例，農民焚燒一定區域的森林，然後將其開墾成農

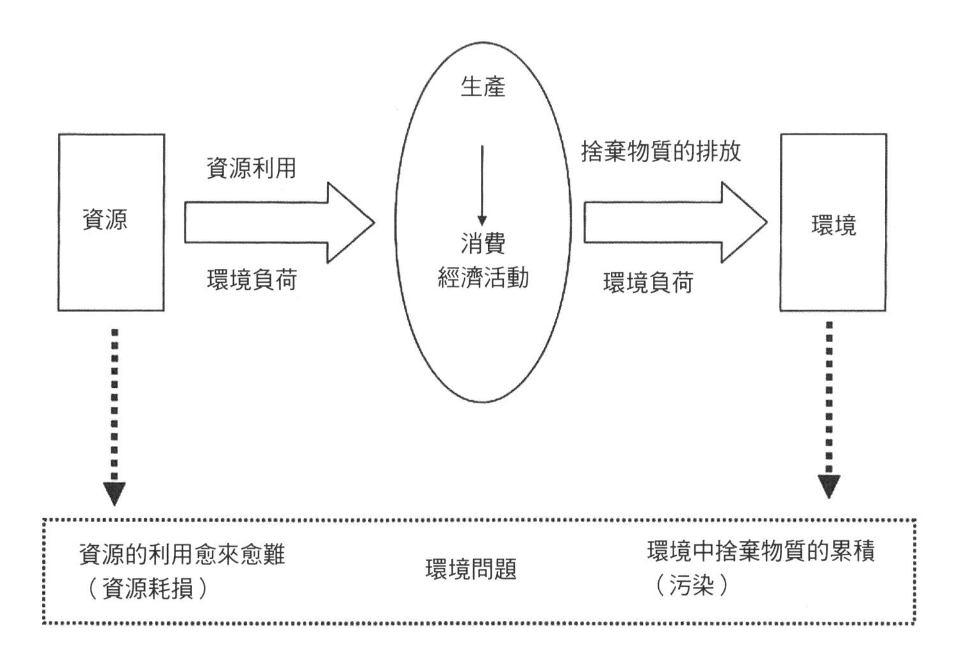

圖1-1　經濟問題與環境問題

田。隨著持續耕作，田地的地力愈來愈低時，農民就放棄原本的田地，另外移動到別的森林，重新再焚燒然後開墾。如果人口十分稀少，一開始被焚燒掉的森林，在下一個農民進行開墾前，可以自行恢復其本有的地力。如此可重複同樣的耕作方式而不減損大自然的資源。

但是當人口愈來愈多，森林不斷被農民焚燒並開墾，森林本身愈來愈難以回復原狀。地力則是不斷減少，最後被開墾的森林已無法自行再生了；也就是說森林資源已被耗損殆盡。因此以山林燒墾為生存方式的社會也就無法維持下去。

同樣地，現代社會所依賴的煤或石油等石化燃料，無法在人類生存的時間內再生。只要我們一直不斷地從地下開採石化燃料，總有一天能源會枯竭。這也是資源耗損的一種。很明顯地，遲早有一天我們會沒辦法再像現在這樣，依靠著無法再生的石化燃料進行經濟活動。

污染

自然生態系統中有能夠將我們製造的廢棄物分解淨化的能力。但是，當廢棄物的數量超過了此自然淨化的能力，廢棄物就會堆積在環境中，而這就是**污染**。

例如，人類每天排泄的糞尿，若是在人口密度較低的地區，排泄的糞尿會在大自然中被自然分解。但是像人口密度很高的都市，若是直接將糞尿丟棄在河川或海洋中，大自然無法快速分解，有機物質會累積在水資源中，就會造成水源污染。

另外，人工合成的有機氯化合物，在大自然中被分解的速度非常緩慢，因此只要排放到自然環境中，就會一點一點慢慢累積，就算排出量很少，也一樣會造成污染。

被違法丟棄的大型垃圾或塑膠袋也算是污染的一種。破壞寧靜環境的噪音也可說是污染。

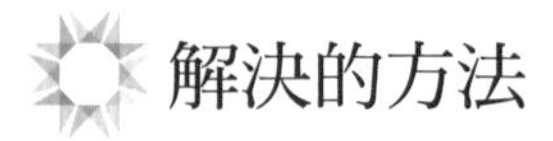

解決的方法

要解決環境問題，有哪些方法呢？

所有權的界定

所有權較不明朗的資源容易被耗損。反之，非常清楚的標示屬於誰的資源則較不容易被耗損。

因為不知道森林確切是屬於誰的所有物，每個人都可以自由地燒墾，因此農民就沒有動機將森林恢復原狀。與其耗時費力地將森林恢復原狀，自己也不一定會再繼續利用，又不知道什麼時候會被下一個耕作者焚燒掉，還不如耕作完畢後，就這樣將農地閒置，繼續移動到下一塊農地耕作。

但是如果讓個人擁有森林的所有權，除了所有者，其餘的人不可以使用這片森林，這樣即使人口增加森林資源也不易耗損。如果是「自己的森林」的話，就會好好珍惜使用。此外，森林的所有者也會意識到沒辦法長期只靠山田燒墾的方法維生，或許會多下功夫改變生產方式，進而保護住森林也不一定。

所有權若不是給個人，而是給某團體，只要這團體的成員能夠遵守使用規則，一樣可以避免資源耗損。

很早以前日本的農村就有「入會地」的制度。「入會地」指的是由村子所管理的森林。要進森林伐木、採野菜、採水果等都需要遵守村子的規定，不能夠隨便進入森林。若是違反了規定，則會受到被所有村民孤立的嚴格處罰，而違反規定的家族實際上等於被孤立於村落社會之外。因為有如此嚴格的規定，「入會地」的制度得以長久地被維持下來。「漁業權」也是另一種不讓漁業資源枯竭的古老智慧。在日本，若不是漁會的成員，就沒有辦法捕撈魚貝類。可以捕撈的時期和方法也都為了不讓漁業資源枯竭而有嚴格的限定。

規範的方法和經濟的方法

空氣和河川沒辦法認定其所有權，因此藉由制訂規範來減低其污染。主要的方法有兩種，一是規範的方法，另一種是經濟的方法，如**表1-2**所示。

規範的方法是設定可容許的排出量，若是排出量超出容許基準，則科以罰則。廢水排放標準、廢氣排放標準，或是噪音標準都是屬於此類。

經濟的方法則是當某一行為增加環境負荷時，相應地加重其經濟負

表1-2　解決環境問題的手段

規範的方法	設定標準，若不遵守則科以罰則 例如：廢水排放標準、廢氣排放標準、噪音標準等
經濟的方法	當某一行為增加環境負荷時，相應地加重其經濟負擔 例如：環境稅、塑膠袋收費等 對於保護環境之行為給予其經濟利益 例如：所有權的設定等

擔。也就是說，對於有利於環境保護的行為，給予其經濟上的利益作為獎勵。由於人們有選擇對自己有利的行為的傾向，因此藉由這種方法可誘導人們從事減少環境負荷的行為。例如，超市的塑膠袋費用化就是一個經濟手段的例子。因為要收取費用，民眾就開始使用自己的環保購物袋，減少拿超市的塑膠袋，因而降低了環境負荷。

同樣地，對使用石油的人收取環境稅也是同樣道理。政府希望利用環境稅來誘導民眾盡量不要使用石油。

對於資源設定所有權也可說是經濟手段的一種。因為藉由設定所有權，使所有人會產生珍惜使用資源的經濟動機。

減少污染的方法

工廠為了降低污染物的排出量，主要有管末處理和清潔生產（cleaner production）兩種方法，如**表1-3**所示。

管末處理指的是將產生的污染物質從廢氣或廢水中萃取出來。由於管末處理裝置是裝設在製造設備的尾端（管線的末端），因此英文名為end-of-pipe。

清潔生產則是藉由重新審視製造過程，來試圖減少污染物質的產生。例如，為了不使用有害物質而改變製造方法，使用不純物含量較少的燃料，減少燃料使用量以達到節能等。廢棄物、廢水或廢熱的回收再利用

表1-3　清潔生產和管末處理的例子

清潔生產		1.採用不會產生有害物質的製造方法。 2.廢水或廢棄物的再利用。 3.節約使用能源或原物料。
管末處理	物理方法	利用濾網過濾、利用水洗淨、利用吸著劑吸附
	化學方法	使其變成較難溶於水的物質、用熱分解、用光分解
	生物方法	利用微生物分解

也是其中一種。

由於管末處理裝置的運轉需要消耗能源，另外所收集起來的污染物質也必須再經處理，因此相較於省能與減廢的清潔生產，管末處理裝置較不被接受。但是，清潔生產仍然會產生污染物質，最終還是需要像管末處理裝置一樣的廢棄物或廢水處理系統。

管末處理技術

管末處理裝置是將污染物質從廢氣或廢水中萃取出來，但是要將某一物質從混合物中萃取出來遠比將物質混合在一起更加困難。就像咖啡和牛奶混在一起就可輕易作出咖啡牛奶，但要從咖啡牛奶中將咖啡和牛奶分離，就不是件簡單的事。

而且，咖啡牛奶中的咖啡和牛奶是以相近的量混合，但管末處理裝置所萃取的污染物質卻是以非常微少的量混合在廢氣或廢水中。處理後的廢氣或廢水當中的容許殘留量是全體的百萬分之一（ppm），有時甚至是十億分之一（ppb）的標準。因此管末處理技術可說是高難度的物質分離技術。

分離方法大致可分成物理方法、化學方法以及生物方法。

物理方法是利用比重或大小等物理性質的差異來分離污染物質。例如混入液體或廢氣的固體物質，可用濾網過濾或是沉澱的方法來篩取。在廢氣中若是有易溶於水的污染物質，則可以用淋浴的方式對廢氣噴水，便可將污染物質洗出。

化學方法則是利用化學反應將污染物質變成固體，再利用物理方法將其轉變成可分離的狀態，然後將之分解去除。例如可用化學方法改變廢水的酸鹼度（pH值），使廢水中的重金屬離子沉澱，或是燃燒廢氣中的污染物質使其無毒化等方法。

生物方法是利用微生物將污染物質清除乾淨。廢水處理廠主要都是利用此法淨化水質。另外，可分解性的塑膠袋也屬於此法。

實際上被採用的管末處理方法，是交互利用以上三種方法，將廢氣或廢水淨化至符合排出標準為止。

環境科學的角色

在現實世界的行動方案

環境科學是找出當前的問題，探討由什麼樣的原因造成，並尋求可能的解決方法，及評估檢討採取對策之後的效果。

環境科學的研究對象可說非常廣泛。地球上的所有現象都是環境科學的研究對象，因此環境科學是一門由各種學問分野所組成的綜合科學。

以全球暖化為例，化學家預測二氧化碳會使地球溫度升高，而找到地球溫度確實在升高的證據的是氣象學者或考古學家。如果人類將此問題置之不理，預測其後果的是氣象學家和系統工程學者的工作。思考全球暖化對於生態系的影響則是生物學者的工作。因應全球暖化而開發出節能技術或風力發電的則是機械工程等工程學家。而全球暖化會對人類健康產生什麼影響則需要醫學專家來研究。

在環境科學的領域內，由於牽涉到廣泛的專業學科，因此單靠一個研究者無法解決所有問題。由不同領域的專家組成一個團隊，共同討論解決某一個問題，是環境科學領域的常態。

另外，雖然環境科學也會利用室內實驗或電腦模擬，但由於研究對象是包含了各種要素的現實世界，其複雜度更是提高了環境科學的不確定性，因此始終沒辦法得到一個明確的結論。

再以全球暖化為例。「2050年氣溫會上升到某℃，到那時絕對會發生某某現象」，環境科學絕對沒辦法得出像這樣的結論。即使動用最新的科技，也只能大約得知「在全地球都能兼顧環保與經濟發展的前提下，二十一世紀上半的地球溫度大約會上升1.8℃（1.1℃至2.9℃）。而持續重視石化能源，經濟高度成長的社會則大概會上升4℃（2.4℃至6.4℃）」。

政策的根據

環境科學家們正在和不確定性對抗，試圖解開錯綜複雜的謎團。他們懷著決定地球和人類的未來的使命感。

應該沒有人會認為環境品質變差了也無所謂。每個人都想生活在擁有豐富資源的良好環境中。但是，人們一方面想過著舒適的生活，另一方面又希望能有更多的收入。因此更多的資源被使用，更多超過環境可負荷的廢棄物被製造出來，若是置之不理，我們的生活環境只會愈來愈糟。

降低環境負荷的對策絕對是需要的。但是，對策通常伴隨著痛苦。新的對策很有可能突然造成每個人的經濟負擔，或者目前為止的某種行為可能要被限制等。環境對策通常不會是討人民喜愛的政策。

在民主主義社會裡，要導入一個新制度，必須要通過市民的同意。在日本則是需要議會的表決。因此新制度的導入需要有明確的根據，提供其根據也是環境科學的角色之一。

發現公害病的存在，找出造成公害的污染物質，確認是否存在於工廠排出的廢氣或廢水中，研究對人體健康會有什麼樣的影響的是科學家。設定污染物質的排放基準，開發降低污染物質的技術，設計測定方法的也是科學家。然後根據科學結果，政府制定規範污染物質排出基準，工廠再依照基準投入資金改善設備以預防公害。

當1974年美國的化學家提出氯氟碳化合物會破壞臭氧層的警告時，全世界還半信半疑。但是，在那之後，臭氧層的確發現被破壞，而且愈趨惡化。同時期，可取代氯氟碳化合物的技術被研發出來，因此全世界轉而禁止使用氯氟碳化合物。為了保護臭氧層，科學研究和技術開發成為制定全球規範的原動力（請參閱第八章）。

由於環境科學是最先進的綜合科學，因此即使是現在的科學家，也沒辦法一個人理解全部。但是，環境問題的基本是建立在科學之上，若是沒辦法理解科學，也就沒辦法正確地理解環境問題。因此，環境科學家有義務要將研究結果以淺顯易懂的文字向市民或政治家解說。獲取市民的理解也是環境科學的目的之一。這一點和其他科學研究則有些許不同。

在接下來的章節中，本書將以較容易理解的方式說明各種環境問題。

Chapter

大氣污染

引言

我們無法遠離受污染的空氣。經由鼻、口、肺等進入人體的污染物質會對健康產生的不良影響。

代表性的大氣污染物質包括灰塵、硫氧化物、氮氧化物大致都是伴隨燃燒過程產生。人類從開始使用火以來，就開始為大氣污染所困擾。現在也因能源需求而大量消費化石燃料，在世界各地造成大氣污染，對市民健康有嚴重影響。特別在工業化與現代化進行中的發展中國家格外嚴重。

本章將介紹大氣污染如何在燃燒過程之中發生，因而找出大氣污染防制方法與污染防治設施的相關概念。

»»» **關鍵字** »»»

灰塵、懸浮微粒、硫氧化物、氮氧化物

 既古老又新穎的問題

灰塵、硫氧化物與氮氧化物主要伴隨著燃燒過程產生。從人類開始用火以來，大氣污染已成為許多人生病甚至死亡的原因之一。隨著生活型態改變，古老的問題也成為新的複雜課題。

若是吸進受污染的空氣，短期可能會造成氣喘發作頻率增加與慢性呼吸道疾病的惡化，使得急性呼吸道疾病罹患率上升。長期而言，則可能會造成肺機能的損傷、慢性支氣管炎等慢性病的罹患率與死亡率的增加。

從歷史來看，大氣污染是從室內的密閉空間開始。為了室內的保暖及調理所需而燃燒木柴和草，使得室內煙霧瀰漫，對室內的人體健康有極大危害。

解剖研究古代木乃伊或冰河裡發現的古代遺體，都發現肺塵病存在的癥狀。肺塵病是碳或煤的細微粒子進入肺裡產生的疾病，在近代是煤礦採礦工人常罹患的疾病，不管在熱帶或寒帶地區都可發現。因此可見古代居住的室內空間裡，因燃燒導致煙塵污染的嚴重情形。

而從古代到中世紀英國墓地裡遺骨的調查研究中，也發現古人罹患鼻竇炎的現象，這也可能是由於古代室內空氣污染引發鼻竇炎。

室外空間的大氣污染，則大概從人類生活大量燃燒煤礦而變得嚴重。英國倫敦從十七世紀開始就有因大氣污染而死亡的紀錄。

十八世紀開始到十九世紀英國開始了工業革命，作為主要能源來源的煤炭被大量使用。因此，在工業都市大氣污染的狀況更為嚴重。在二十世紀初期，曼徹斯特（Manchester）、利物浦（Liverpool）等主要工業城市幾乎到處都為煙霧覆蓋。倫敦更在1952年12月發生倫敦煙霧事件，當年比平時多了4,000人死亡。

在德國的魯爾（Ruhr）工業區，也留有因大氣污染造成嚴重農業損

害的紀錄。

美國的工業城市匹茲堡（Pittsburgh），在二次世界大戰前後，該地居民也為工廠排出的大量灰塵而困擾。嚴重之時，大量灰塵導致日照不佳，甚至日間也有必須打開電燈的情況產生。

日本在第二次世界大戰前也曾發生嚴重的大氣污染。在明治、大正時代，日本最大的工業城市大阪曾有「煙之都」的稱號。而從大正到昭和初期的1920至1930年代的大阪市，也曾記錄到和英國曼徹斯特同規模的落塵量。公營的八幡製鐵所（現在的新日鐵八幡製鐵所）所在的八幡市（現在的北九州市），其大氣污染在戰前也是非常有名，在當時並傳出「八幡市的麻雀是黑的」這句俗諺。

到了1960至70年代，大氣污染成為影響日本各地市民健康的社會問題。在當時產生了被稱作四日市氣喘、川崎氣喘等公害病。在1988年，日本將大氣污染導致的疾病認定為公害病，患者的數目統計達到5萬3,024人。藉由「大氣污染防止法」的實施，目前各式各樣的防範措施正在實行中。

在現代大氣污染則以發展中國家為主，對人體健康產生許多不良影響。而室內空氣污染也有愈來愈嚴重的趨勢。根據澳洲官方統計，每年最少也有約300萬人因大氣污染而死亡，而其中的280萬人可能是死於室內空氣污染造成的影響。

灰塵

煙或碳黑（soot）是指在空氣中存在的固體或液體的微小粒子，也可統稱為**灰塵**。通常，在工業都市的上空中，存在許多因煤燃燒生成的灰塵。

粒徑較大的灰塵通常會隨時間慢慢沉降到地面上；而粒徑較小的灰

塵，則一直飄浮在空中，被稱為**懸浮微粒**（particulate matter, PM）。

因應對策

灰塵產生的原因主要為不完全燃燒。因此，若燃燒條件改善的話，可大幅減低灰塵的產生，並可同時削減燃料費。二次世界大戰前的大阪市和終戰後的北九州市，市政單位對於灰塵的管制策略主要皆為輔導廠商進行鍋爐燃燒技術的改良。

但是，僅改善鍋爐的燃燒效率還是有極限。在煤的不可燃成分中存在大量的灰分，這也是灰塵形成的主要組成之一。

室內加熱機主要使用的燈油及天然瓦斯並沒有灰分存在。此外，因燈油及天然瓦斯是以液體與氣體狀態被使用，所以較固體狀態下被使用的煤更容易完全燃燒。因此，若捨棄煤作為燃料，而使用石油或瓦斯的話，灰塵的排放量當可大幅減低。日本在1960年代後期，將使用燃料從煤改為石油，因而迅速控制住灰塵問題。

此外，藉由改善燃燒過程和更換燃料等使污染物質減少產生的製造方法也漸漸普及，即最近被重視的清潔生產（cleaner production，參照第一章）領域。但無法完全降低污染排放的製程裡，例如必定會產生灰塵的製造過程的工廠或廢棄物焚化設施等，則仍需要設置從廢氣排放處收集灰塵的集塵設備，即所謂的管末處理設施。

集塵設施係利用物理原理將灰塵去除。

首先，第一種裝置是利用濾網將灰塵收集清除的過濾集塵器。其實在日常生活中身邊也有類似的設備，例如冷氣機等空調設備裡的濾網。另外，設有收集袋的吸塵器中也設有類似的過濾集塵裝置。

在工廠的話，一般使用大型的過濾集塵設備是袋式集塵器，將廢排氣通過大型的過濾袋，去除廢排氣中的灰塵（如**圖2-1**所示）。

袋式集塵器的除塵效率通常可達90至99%之去除率，常被使用在廢棄

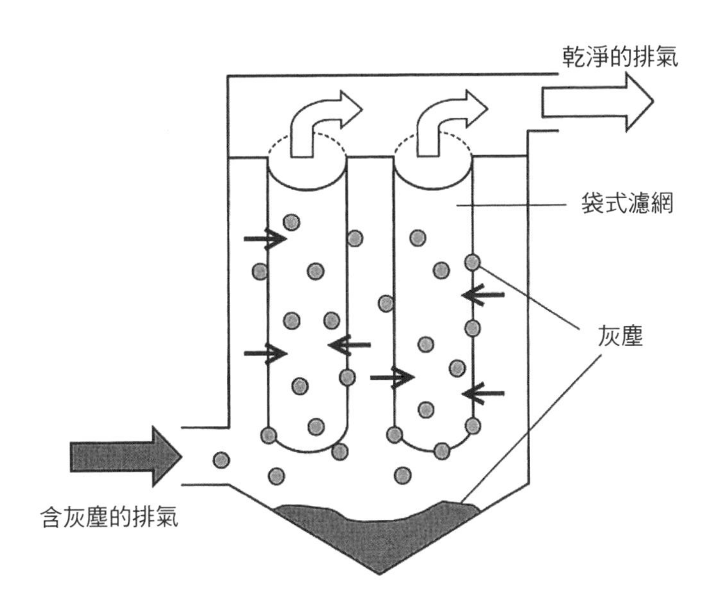

圖2-1　過濾式集塵器

物焚化設施（參照第六章）。但是因濾網常發生阻塞狀況，且必須定期清掃和交換濾網。因此，袋式集塵器的缺點之一是其昂貴的維持管理費用。

此外，若使用較小孔隙的濾網的話，也可提升袋式集塵器的去除率，但廢排氣的流動也會較不順暢，更需頻繁地定期清掃和交換濾網。因此，依照去除率的需求，必須精確計算所需濾袋的孔隙大小。

最近在市面上常見的電動吸塵器，不是使用濾網過濾，而是利用離心力收集灰塵，如**圖2-2**所示。吸塵器的集塵區中，藉由曝氣機吸引空氣，形成迴轉渦流旋風，這時小塵埃會被彈飛到集塵區的壁面被收集起來。這種裝置也常被使用於工廠製程裡。

離心式集塵器不需要濾網，因此維持管理費會較過濾集塵器便宜許多這個優點，但去除率僅約85至95%，稍低於過濾集塵器。

在火力發電廠裡，必須處理高溫的廢排氣。在這個狀況下通常使用

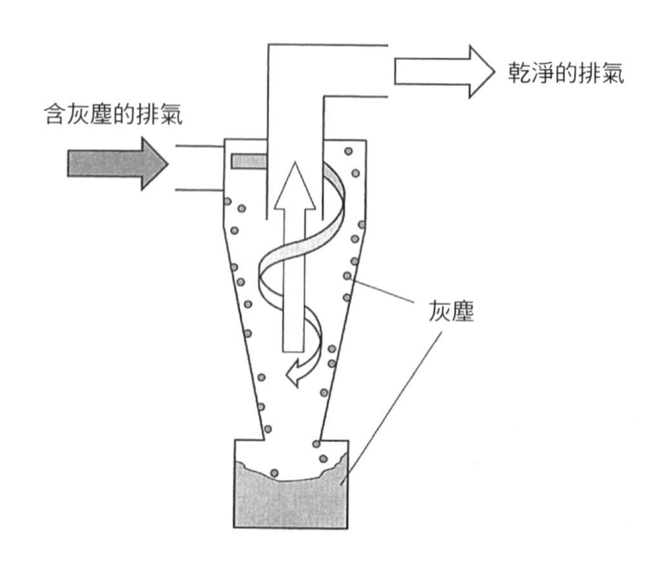

圖2-2　離心式集塵器（cyclone）

靜電集塵器。在這個裝置裡，利用高壓電產生的放電現象，讓灰塵成為帶有負電荷的狀態，然後此帶有負電荷的灰塵則在靜電吸引力作用下，被帶正電荷的電極吸附，因此廢排氣中的灰塵得以被去除。早期映像管式電視機的螢幕若沒有經常打掃的話，螢幕表面常會出現灰塵就是類似的原理（如圖2-3所示）。

靜電式集塵器其集塵效率可高達90至99.9%，但因其硬體設備費與電力消費高，使此設備的維護管理成本非常地高。

關於集塵方式，除了以上介紹主要常用的過濾式集塵、離心式集塵與靜電式集塵方式之外，常利用的還有將廢排氣用水洗淨之洗淨式集塵等等。據日本環境省2004年度進行的調查，在日本1萬8,610座集塵設備中，前述的主要三種類型有1萬4,575座（78%），總處理能力占了84%。

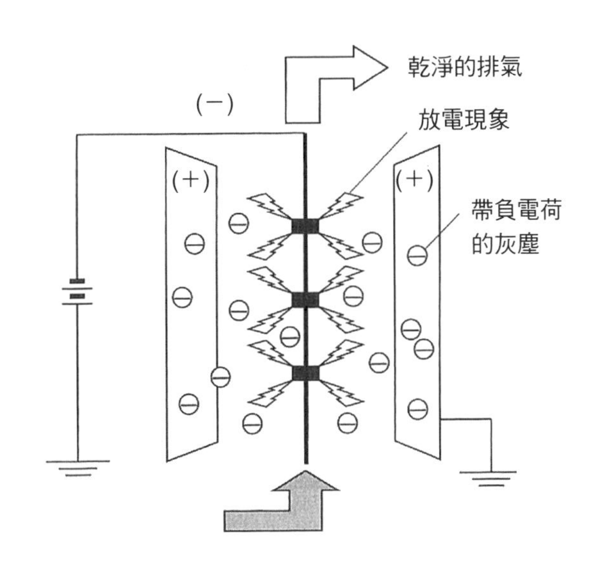

圖2-3　靜電式集塵器

懸浮微粒

由於燃料轉換與集塵設備的普及，從工廠排放到大氣的灰塵已大幅減少。現在的課題則是從汽機車尾氣排放出的懸浮微粒（在日本主要是汽車）。

日本大氣環境標準中（參照第七章）訂定了粒子空氣動力學直徑（以下簡稱為粒徑），在10μm（1μm為1mm的千分之一）以下的懸浮微粒，大氣中該達到的環境品質的目標值（即所謂的PM_{10}的目標值）。

粒徑更小，低於2.5μm的懸浮微粒（即所謂的$PM_{2.5}$）若被人類吸入，則會深入到肺的深處，停留在肺裡，對人體健康造成重大影響。在美國已有研究指出因大氣污染而死亡的案例裡，$PM_{2.5}$被認為是主要的致命因子。

在日本，1960年代前後因硫氧化物與氮氧化物造成的大氣污染非常嚴重，因而造成許多民眾罹患氣喘等大氣污染的公害病。為了控制這個問

題，上述兩類的污染物在早期便已訂立了嚴格的相關的排放濃度標準。但對於汽機車尾氣排放出的懸浮微粒則較晚才出現相關管制。

在日本南關東地區，都市區域大氣的懸浮微粒濃度一直無法有效改善，因此在該區域的政令都市（譯註：類似台灣的直轄市位階）則較國家標準稍早一步，針對大型柴油車制定嚴格的排氣標準。國家也因此加速腳步訂定出相應的環境標準。因此，近年來不論在一般環境大氣自動監測站，或是在道路沿線設置的汽車排氣監測站，兩種監測站測得的數據都顯示其懸浮微粒環境標準達成率都有明顯地改善（如**圖2-4**所示）。

而柴油車尾氣中的懸浮微粒，一般是利用過濾式集塵器去除。柴油的懸浮微粒補集裝置（diesel particulate filter），一般是使用陶瓷做成的濾網，設置於引擎和排氣口之間。而捕捉下來的懸浮微粒則藉由點火器或加熱器燒掉，以免濾網堵塞。

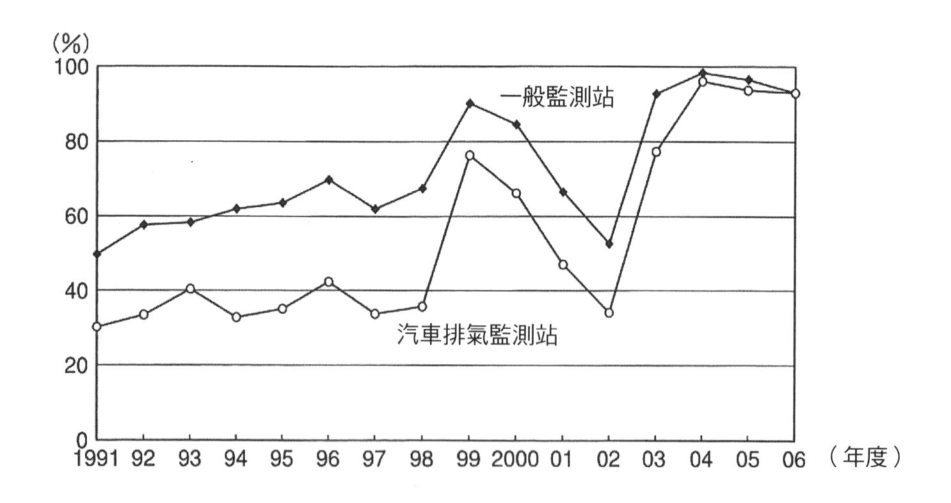

圖2-4　懸浮微粒大氣濃度的環境標準達成率

資料來源：日本環境省水・大氣環境局「平成18年度（2006年）大氣污染狀況報告書」。

硫氧化物

硫氧化物的產生

硫氧化物一般是指二氧化硫（SO_2）和三氧化硫（SO_3），統稱為SO_x（讀為[ˊsakəs]）。

若二氧化硫和水反應的話，會形成亞硫酸溶夜（H_2SO_3），也會形成氣態的亞硫酸。

二氧化硫酸化會成為三氧化硫，若將三氧化硫與水反應則會形成強酸性的硫酸（H_2SO_4）。硫酸的微粒子若飄浮在空中，一般稱此狀態為硫酸霧。1960年代東京附近的京濱工業地帶與關西地區的阪神工業地帶，臨近住宅區若曬衣物的話，女性的衣褲常會出現小洞，這即是硫酸霧污染造成的影響。

硫氧化物通常也存在於火山噴出的氣體裡。為防制硫氧化物的大氣污染問題，日本於1970年代徹底進行相關的管制措施，人為的硫氧化物排放量已經不是很大。但另一方面，由於日本是火山國家，有相當程度的天然硫氧化物排放。日本國內硫氧化物的沉降量，經估算約有一成到四成為火山排放所致。鹿兒島縣的櫻島和關東地區伊豆七島之一的三宅島因火山活動頻繁，鹿兒島市和東京都大氣中的二氧化硫濃度時有超過環境標準的狀況。

燃料的因應對策

燃料裡若含有硫等不純物質的話，燃料燃燒時（進行氧化作用時）將會形成硫氧化物。因此若使用含硫較少的燃料的話，將可有效降低硫氧化物的生成。

一般煤可分為含硫量3%以上和1%以下兩類。若降低含硫3%的煤使用量，以低含硫量的煤取代的話，硫氧化物的生成量將可降低為原來的三分之一。此外，燃燒前若將粉末狀的煤用水洗淨，單單把無機硫洗掉就可以削減20%的硫氧化物生成量。

那石油燃燒時，又是什麼狀況發生呢？

原油其實是各式各樣碳氫化合物（C_nH_m）的混合物，並不會這樣就直接拿去當燃料燃燒。首先，會先在煉油廠用鍋爐加熱原油，利用原油裡各個成分其汽化溫度（沸點）不同的特性，將各個成分分離。沸點最低，最先被汽化分離的是石油氣，其次依序是汽油、燈油、輕油等；到最後不易被汽化，殘留的是沸點高的重油和瀝青（柏油），如**圖2-5**所示。

硫不易被汽化，因此原油所含的硫大多會殘留在沸點高的重油裡，若重油被當燃料使用，就會生成硫氧化物。

但因石油製品裡重油的價格相對較低，所以大型工業用鍋爐都廣泛地使用重油為燃料。日本1960年代因硫氧化物濃度過高所造成的大氣污

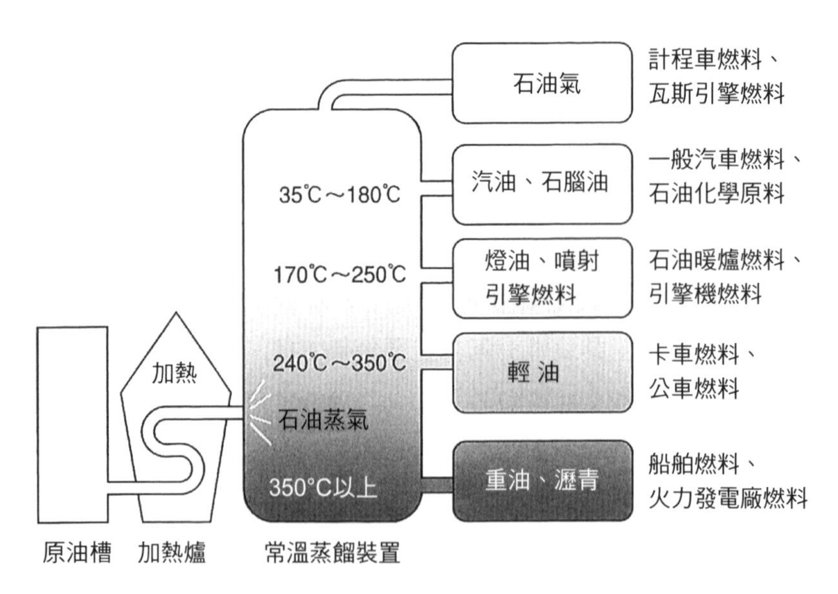

圖2-5　石油精製的流程

染，主因即是發電廠和工廠大量使用含硫成分高的重油。

為了解決這個問題，將重油中的硫成分萃取出的重油脫硫技術的實用化是一個關鍵，許多的煉油廠也紛紛加裝了脫硫設備。在此同時，含硫較低的原油輸入量增加，也是此問題得以改善的原因之一。經過這些努力，日本國內重油的含硫比率，從1967年的2.5%，1972年降低到1.5%，在70年代後半更降低到1.3%以下。

由於天然氣（瓦斯）在精製的過程中，硫的成分幾乎可以完全去除，所以不用採取其他對策，天然氣燃燒過程中幾乎不會產生硫氧化物。雖然天然氣較重油貴，但有不須擔心硫氧化物排放的優點，因此現在日本大型火力發電廠大多數都是使用天然氣當燃料。

排煙脫硫裝置

將含硫量從煤或重油中完全除去非常不容易，燃燒後又會產生硫氧化物。若將燃料含硫量降低而排放的氣體仍無法符合排放標準的話，在管末處理方面則須設置將硫氧化物去除的排煙脫硫設備。

由於硫氧化物是以氣體形態存在，僅靠物理方法很難去除，必須利用化學方法。去除機制有許多方式可考慮，石灰石膏法是常被應用在發電廠等使用大型鍋爐的脫硫方法（如**圖2-6**所示），由於過程中使用水，所以也稱為濕式的脫硫處理法。

石灰石膏法的脫硫裝置是在氫氧化鈣（$Ca(OH)_2$）的水溶液以噴霧形式與排氣反應，則排氣中的二氧化硫會與氫氧化鈣反應生成亞硫酸鈣（$CaSO_3$）。生成的亞硫酸鈣則被送到石膏製造機，再精製成石膏（$CaSO_4$）。

1970年代，日本的工廠和發電廠相競設置排煙脫硫裝置；在1986年，日本設置了1,758組，美國則有300組，西德僅有30組。當時日本擁有全世界八成的排煙脫硫機組。而2004年，日本已設有2,077組排煙脫硫設

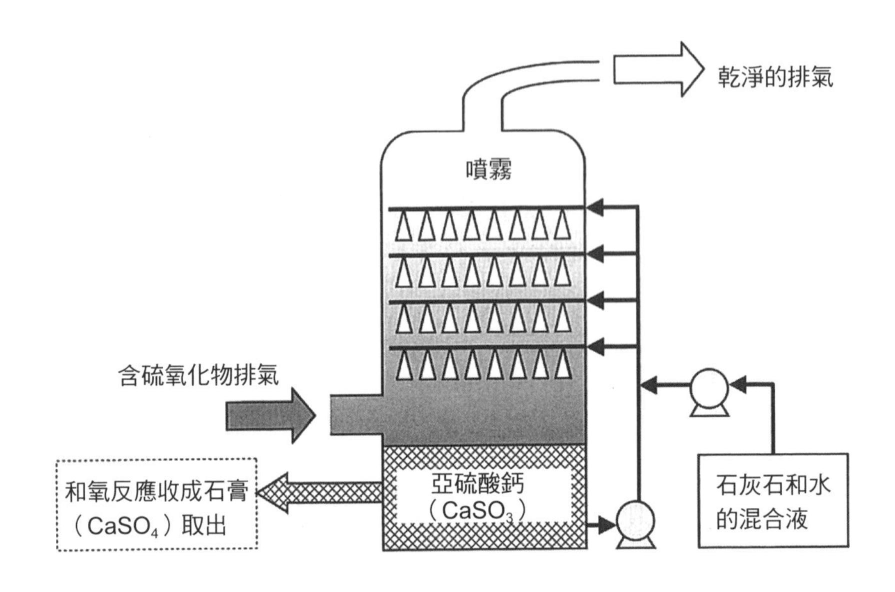

圖2-6　排煙脫硫裝置（石灰石膏法）

備，而其中有1,386組使用了石灰石膏法（66.7%）。

雖然石灰石膏法可高效率地去除大量排氣中的硫氧化物，並且產生可再利用的副產物石膏，但也有必須消耗大量工業用水的缺點。石膏的用途很廣，石膏板有很好的耐火性，是廣泛被使用的建築材料，也常被用做為骨折固定材料。因此，日本大量設置排煙脫硫設備的其中一個結果是其副產品石膏在市場中大量販售，本來生產石膏的化學公司由於成本較高，無法與其競爭而從市場撤退。

現在，東南亞和中國大陸因管制大氣硫氧化物污染而產生很多石膏，石膏的處理變成當地一個難題。有些地方雖然將生成的石膏做為土壤改良劑加以利用，但因石膏的買賣市場並未成熟，在販賣通路並未確保的狀況下，有些石膏就被直接埋在發電廠附近，非常可惜。

節省能源

燃料的節約也是最直接的省能措施。二氧化硫是燃燒燃料所致，所以節省能源能使二氧化硫排放量減少，這也包括在近年倡議的清潔生產的核心概念內。

1960年代以前，石油的價格一直偏低，因此企業沒有太多理由節制燃料的使用。但1973年發生石油危機，原本一桶大約維持在2至3美元的低價石油半年內急升為12美元，情勢大為改變。日本的企業為了生存，想盡辦法減少燃料使用量，也因此硫氧化物排放量大幅削減。

圖2-7為日本某製鐵廠排出的二氧化硫量的估計值。柱狀圖全體是1970年時的總排出量，柱狀圖下方黑色部分是1990年同樣製鐵時的排放量。二氧化硫的排放量在二十年內劇減為2.2%。

對硫氧化物排放量削減最有貢獻的是低含硫量燃料的使用。但同

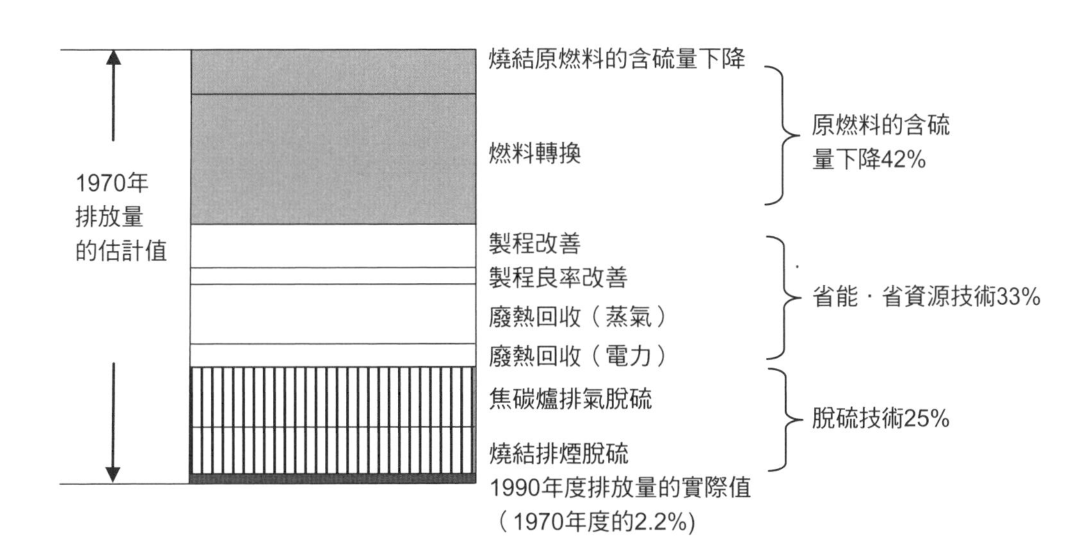

圖2-7　製鐵所產生的二氧化硫排放量削減組成

資料來源：九州大學工學部環境系統研究中心（1996）。

時，節省製程中的燃料使用量造成的省能效果，以及用一樣的原料製造更多成品的製程改善，這兩個方法就可以削減約目前總污染排放量的三分之一。因此，節省能源也可視為一個有效管制大氣污染的對策。

氮氧化物

氮氧化物的產生

氮和氧組成的**氮氧化物**有很多種，可概略總稱為NO_x（讀為[ˊnakəs]）。造成地球暖化的重要溫室氣體之一的一氧化二氮（N_2O）也是氮氧化物的其中一種。本小節主要介紹燃燒過程中所產生的大氣污染物質一氧化氮（NO）和二氧化氮（NO_2）。

在燃燒過程中產生的氮氧化物可分為燃料氮氧化物（fuel NO_x）與熱生成氮氧化物（thermal NO_x）兩類。燃料氮氧化物是指燃料中不純物含有的氮化合物在燃燒中生成的氮氧化物。但由於現在常使用的汽油、輕油和天然氣等所含的氮化合物已經很少，所以不至於產生太大問題。而造成大氣污染問題的是熱生成氮氧化物。熱生成氮氧化物是空氣中的氮氣（N_2）和氧氣（O_2）在燃燒的高溫環境中，反應生成的氮氧化物。因為空氣的成分中，氮氣約占80%，而氧氣占20%，因此在空氣中進行燃燒反應的話，不論是燒什麼物質和使用何種燃料，燃燒產生的高溫都會造成熱生成氮氧化物的產生。

因應對策

熱生成氮氧化物不像硫氧化物可以靠改變燃料成分抑制生成量，需要其他的技術。

由於氮氧化物本來的組成是氮和氧，兩者其一的量若能在火燄中減少，就能達到抑制氮氧化物產生的效果。因此若將物質燃燒過後缺氧狀態的空氣，使用於之後的燃燒反應，就能使氮氧化物的產生量減少。

此外，由於熱生成氮氧化物是在高溫反應下產生，所以將燃燒溫度降低，也可以使熱生成氮氧化物產生量變少。

甚者，若將燃燒反應時間縮短，氮氧化物的生成就會不完全，也會達到一定的熱生成氮氧化物的抑制效果。

所以，若(1)減少燃燒時供應的氧氣；(2)降低燃燒溫度；(3)縮短燃燒時間的話，熱生成氮氧化物的產生量就能減少。滿足這些條件的話可稱為低氮氧化物燃燒。

但是上述三個條件都可能會與原本預期的物質燃燒反應原則相違背，容易造成不完全燃燒。因此，愈想抑制氮氧化物生成的同時，也愈容易造成物質不完全燃燒，而不完全燃燒產生的話，就容易造成上一節介紹的懸浮微粒的產生。

但相反地，若想抑制懸浮微粒，則必須燃燒完全，所以得升高燃燒溫度、大量提供氧氣，但氮氧化物也會因此大量生成。因此，氮氧化物的抑制和懸浮微粒的控制對策其實是一個權衡取捨（trade-off）的關係，一邊成立的話，另一邊就無法完全成立。

因此，若在燃燒部分無法完全達到控制效果，滿足排氣標準的話，就需要後端的管末處理。

在工廠的排煙脫氮裝置，主要是氨接觸還原法處理，設置於大型燃燒鍋爐部分。在裝置中，為了加速脫氮反應，通常放有鉑或釩等製成的觸媒的板或格子。排氣中的氮氧化物會與從脫氮裝置外注入的氨和裝置內的觸媒反應，而轉化為氮和水。

類似的原理也應用在處理汽機車排氣中的氮氧化物，汽機車排氣裡的氮氧化物、一氧化碳（CO）與碳氫化合物會在排氣管裡的淨化器被去除。在這類的淨化器裡，使用的觸媒為三種白金族的貴金屬，包括鉑、銠及釩，含有三種貴金屬成分的觸媒會塗在觸媒轉換器的表面，因此前述三種污染物質在觸媒作用下會轉化為無害的氮、二氧化碳與水。

汽油車與柴油車

據推估，美國每年有12萬5,000人以上因柴油車的排氣而罹患癌症。柴油引擎可說是大氣污染的元凶之一，即使在現代還是一樣。

柴油引擎和汽油引擎基本的原理很接近：將燃料空氣引入汽缸，再將活塞壓縮使燃料和空氣爆炸，產生的壓力會推動活塞，進而旋轉車軸。而兩種引擎的差異在於燃料的填充方式和爆炸引燃方法。

汽油引擎是在先汽缸裡將汽油和空氣混合，引入引擎，再壓縮，在火星塞點火產生爆炸。柴油引擎的話，是先將空氣壓縮，然後將輕油送入，由於氣體被壓縮的話會產生熱量，這個熱量會讓輕油自己燃燒產生爆炸。

關於引擎燃燒溫度，由於柴油引擎的燃燒溫度較高，氮氧化物的生成量會較多。而因為引擎壓縮後輕油才被引進來，輕油和空氣的混合不會十分完全，因此容易產生不完全燃燒的狀況，並產生大量的懸浮微粒。此外，柴油引擎的排氣中氧氣量很高且溫度仍高，因此就算裝設廢氣的觸媒轉換器，廢氣仍無法被完善處理。

但另一方面，實際上汽油引擎也沒有比柴油引擎有更好的效率，柴油引擎還有燃料費較低的優點。引擎在運轉之時的能源消耗量和引擎的產生的能量比率可稱為熱效率，而引擎溫度愈高，熱效率會較佳。因為柴油引擎的反應溫度較汽油引擎高，所以柴油引擎有比較好的熱效率，因此燃料費也會比較便宜。

燃料費比較低的話，以同樣的車行路程來看，排出的二氧化碳的量會較少。但因柴油引擎的氮氧化物和懸浮微粒排放量很高，所以也不能算是對大氣環境低污染的引擎。不過若從減緩全球暖化的觀點來看，柴油引擎是較汽油引擎對環境來得友善些。因此在強調地球環境保護重於地域環境保護觀念的歐洲，柴油引擎車被認為是對環境較友善的車種。因此，依地照域居民對地域環境和地球環境保護的優先順位差異，哪一種引擎是低污染的引擎的認知也有差別（請參照第十三章）。

不過日本近年柴油車的排氣標準愈來愈嚴格，柴油車的引擎技術也漸漸改善，而且輕油的品質也愈來愈高，因此現在市場上柴油車排氣的污染物排放量和汽油車的水準已經幾乎一樣。此外，比柴油車與汽油車更低污染排放量的油電兩用車、電動車、燃料電池車等也相繼研發上市。或許有關柴油車和汽油車哪個比較低污染的爭論，很快就會消失在社會輿論中也不一定。

專欄 石綿

石綿（asbestos）是擁有纖維構造的天然礦物。依礦物的種類區分，可分為白石綿、茶石綿（褐石綿）、青石綿等。若添加於布織品的話，可增強其抵抗拉扯、摩擦、熱、藥品、細菌、濕氣的能力。此外石綿也可以隔熱和隔音，也不太導電，和其他物質的密著性高且價格低。

自古以來，石綿使用在日常品或貴重物品的保存，例如西元前埃及的木乃伊保存就使用石綿布。日本江戶時代（約十八至十九世紀），傳說科學家平賀源內在秩父將發現的石綿織成布，放入火裡之後讓它燃燒變黑，再以水清洗之後可變得非常乾淨，之後以「火浣布」為名大肆宣傳。

石綿的用途很廣，舉凡建築材料、電器製品、汽車、家庭用品等

超過三千種。日本國內約將近九成是用於耐火、隔熱、隔音用的建築材料。在日本總共使用了近1,000公噸的石綿，而絕大多數都是從加拿大和巴西等地進口。

石綿纖維的直徑約在0.02至0.2μm，非常非常地細，肉眼無法分辨，因此石綿非常容易被吹飛，懸浮在大氣中。若飄浮在大氣的石綿纖維被吸進人體的話，一部分會和其他灰塵變成痰被人體排出；但是一部分的石綿則會深入肺的組織裡長久停留在人體之內，這些無法排出的石綿被認為是肺癌和間皮瘤（發生在胸腔和腹腔內部的腫瘤）的成因。特別是發生在胸膜的間皮瘤和吸入石綿的相關性已被高度證實。

石綿的致癌性因石綿的種類而異。一般而言，青石綿和茶石綿較白石綿有較高的致癌性。但是雖然石綿的吸入量和間皮瘤與肺癌的相關性已被證實，但到底吸入多少的量、經過多長的曝露期間會產生間皮瘤，詳細的機制還不甚明朗。

石綿的致癌性是在1960年代被初步認定，而世界衛生組織（WHO）在1972年將石綿歸類成致癌物質之一。日本在1975年開始原則禁止在住宅天井的地方使用石綿塗料，但是在1970年代到1990年代，每年還是有將近30萬公噸的石綿進口，而到了1995年才正式禁止青石綿和茶石綿的使用。隨著白石綿的替代品的開發慢慢成熟，日本在2004年也才原則禁止白石綿的使用。而歐盟則是在2005年才原則禁止石綿的使用；美國則是同意既往的建材和摩擦材料的石綿使用，但新的製品則不能使用石綿做為材料。

曝露於大氣中有石綿的環境到發病的潛伏期大約是四十年，非常長的期間。在日本，從1960年代石綿進口量增加到目前為止，恰好大概經歷了石綿發病潛伏期的階段，而間皮瘤的患者也急速增加中。2004年死於間皮瘤的患者有953位，這個數目大概是1995年的兩倍，

也預計之後患者會愈來愈多。間皮瘤目前還沒有有效的標準治療方式，兩年生存機率大約是30%。

日本的勞災相關救濟法規中，原本未將因石綿曝露導致生病的患者和其家屬納入救濟對象之中。而日本於2006年制定了「關於因石綿導致健康損害的救濟法規」，依據該法規規定，即使不是工作之中，因石綿罹患相關疾病的受害者及其家屬，也可領取醫療補助和死亡慰問金。

Chapter 3

自來水與生活污水處理

引言

確保乾淨的飲用水與將污水變乾淨是健康生活重要的基本條件。我們每天使用自來水，也從洗手台及廁所等地排放許多生活污水。這在現今日本視為理所當然的事情，在開發中國家卻還有許多地區不能使用自來水和乾淨的廁所，因而每天約有180萬的兒童得到痢疾死亡。

本章將介紹如何製造出乾淨的水以及如何將污水處理乾淨的方法。首先，將介紹自來水淨水廠如何製造出乾淨的飲用水；其次，將說明從家庭排出的生活污水是如何在污水處理廠被處理乾淨。此外，也將介紹沒有下水道接管的地區是如何利用化糞池處理污水。

»»» **關鍵字** »»»

淨水廠、加氯消毒、水源林、污水處理廠、合併式處理化糞池、分離式處理化糞池

自來水

安全的水

2000年9月聯合國千禧年高峰會（Millennium Summit, UN）於紐約召開。包括一百四十七國國家元首在內的189位國家代表，在會議結束後，共同發表了聯合國千禧年宣言，以做為國際社會二十一世紀社會發展的共同願景和基本原則。在此之後，聯合國千禧年宣言與1990年代歷屆國際會議決議的國際開發目標，整合成「千禧年開發目標」（Millennium Development Goals, MDGs）。

「千禧年開發目標」之中明定出到2015年國際社會該達到的十八個目標。而其中的第十個目標，就是希望在2015年之時，全世界不能持續享用安全乾淨飲用水與衛生設施（廁所）的人口比率可以減少一半。這個目標被訂定的意義之一，其實也反映出世界上無法確保有安全飲用水和使用衛生設施的地區，特別是不能保障兒童健康的地區還很多。

據推估，世界上約有11億人無法利用安全的飲用水，約有26億人不能使用基本的衛生設施。而因此，每年約有180萬兒童罹患痢疾而死亡，每年喪失4億4,300萬日的兒童教育日（死亡人數乘以缺席日數）。

即使在日本，在1950年時，自來水的普及率也僅有26.2%，4人之中約僅有1人可以利用乾淨的自來水。也因此，經由飲用水傳播的傳染病問題無法被解決。到了1960年代，自來水的普及率倍增為53.4%，痢疾的罹患率（每年之內平均每10萬人的患者數）大約在100上下。到了現代，總人口的97.3%可以享用到安全的自來水，而痢疾的罹患率也降低到1以下。

淨水廠

在日本，「水道法」中明訂了自來水處理設施、水質標準等相關規定。

生活在可取得乾淨地下水的區域，雖可直接將地下水做為生活用水使用，但都市地區仍必須使用自來水系統。自來水是在自來水淨水廠，經過過濾、消毒等程序製造出來的。在淨水廠裡，從貯水池或河川等取得的原水，會經過以下的程序處理（如**圖3-1**所示）。

首先除去原水中的垃圾或是污濁物質。在此階段，取水口進入淨水廠的原水會被篩子移除原水裡的垃圾，然後導入沉砂池。在沉砂池裡，原水有一段靜置的時間，在靜置的過程中，原水中比重較大的物質如砂粒等雜質慢慢沉澱去除。

然後，沉砂池上段的清水，會被導入藥品混合池，與混凝劑一起攪

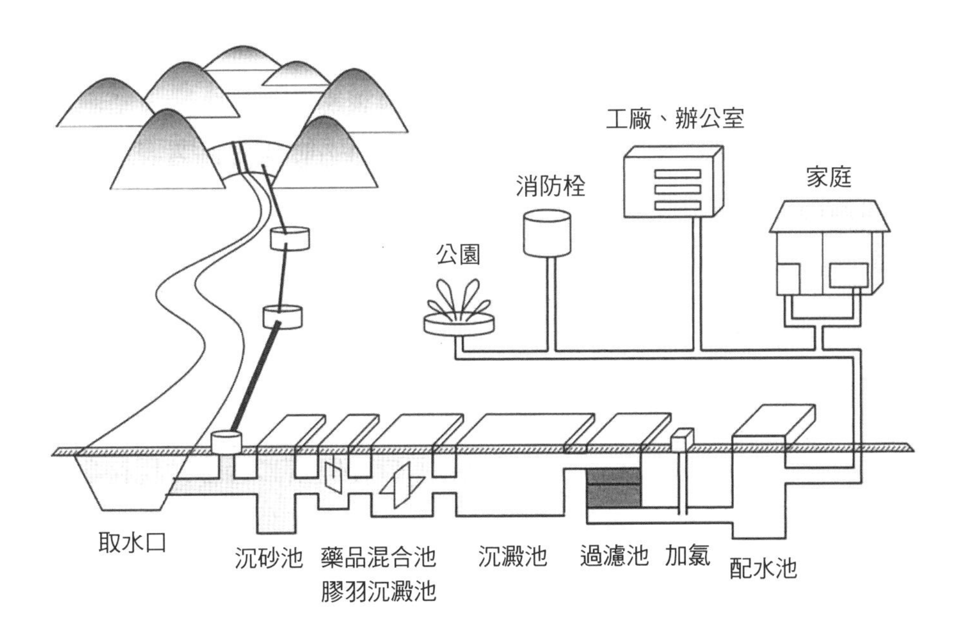

圖3-1　淨水廠的處理流程（以快速砂濾法為例）

拌，混凝劑可與水中無法藉由沉澱去除的粘土等細微粒子凝結成較大的膠羽（floc）。通常使用的混凝劑為聚氯化鋁（PAC）或硫酸鋁等鋁化合物。

之後，在沉澱池中，水中形成的膠羽會慢慢沉澱移除。

膠羽被去除之後，會將水通過濾砂池，利用砂再過濾水。通常會以快速過濾的方式進行，流速約在每天150至200公尺，更進一步將水中可能殘留的雜質過濾。

在原水水質已經不錯的地區，也可以採用慢速砂濾的處理方式。在日本，第二次世界大戰之前許多自來水淨水廠都是用慢速砂濾的方法，但現在僅約有5%的淨水廠採用慢速砂濾方式。慢速砂濾處理過程中，不需要使用混凝劑，原水直接緩慢地在不同粒徑砂子的過濾池中，層層過濾去除雜質，每天的流速僅約3至6公尺。而在各個砂層的表面，也會慢慢形成微生物膜，捕捉、分解水中的懸浮顆粒及氨等雜質。因為慢速砂濾處理不需使用混凝劑，因此原水的味道會相對的自然可口。但與快速砂濾處理方式比較的話，慢速砂濾法的缺點是處理設備所需的土地面積較大，而且若原水水質不好的話，一些污染物質也無法完全處理到安全飲用的水準。

過濾之後的水，最後會添加氯氣或次氯酸鈉（NaClO）消毒，然後由配水管線，送至各個家庭用戶。

加氯消毒

在日本，由於使用氯氣消毒的緣故，並未發生自來水中病原體殘存造成人體健康受損的問題。

氯氣消毒的優點有只需微量的藥劑就可以得到很好的殺菌效果，也不需太高的費用，且氯離子殘留性高。但為什麼要確保氯離子殘留性高呢？自來水從淨水廠到家庭用戶，打開水龍頭就可使用的途中，有可能遭受因配水管的縫隙而導致土壤或地下水裡混入細菌或污染物質的風險。因此自來水的餘氯就可以發揮消毒的作用，將可能混入的病菌消滅，保障自來水用戶的健康。此外，為防止地下水等滲入，自來水也全程保持高壓輸送，讓地下水不易滲入。

在開發中地區，雖然淨水廠進行加氯消毒，但由於配水管有很多損漏，導致自來水的水壓不易維持，而造成污染物滲入的情形。因而家庭用戶使用的自來水混有致病菌的可能性很高，不像日本自來水能安心地直接生飲。例如在中國大陸北京市，雖然淨水廠處理程序完善，製造出很高品質的清水，但因淨水廠到家庭用戶間的配水管有很多潛在問題，自來水業者也建議家庭用戶不要生飲自來水。

但是加氯消毒也產生其他的問題。當氯氣和水反應之後，會生成次氯酸。次氯酸有強氧化力，可將水中可能致病的微生物殺死，但同時也將水中的有機物質氧化。

若土壤裡的有機物質被氧化的話，會變成很多型態的其他有機物，這些轉化成的有機物可統稱為腐植酸。腐植酸若與次氯酸等反應後，會生成三氯甲烷等致癌性的有機氯化合物。

自來水中的三氯甲烷有多高的健康風險呢？在日本，若以其自來水水質規定的三氯甲烷存在基準來估計，以家庭用戶一生持續在料理和入浴使用這樣的自來水的話，因三氯甲烷而致癌的人數可能會高達10萬人（日本總人口約1億2,700萬）。

若自來水不採用加氯消毒的話，那就不會有三氯甲烷的健康風險。但取而代之的，是以前日本遇到痢疾甚至霍亂等傳染病的問題。因此一個技術上很難抉擇的難題就是，雖然三氯甲烷有一定的健康風險，但不加氯消毒的話，因痢疾或霍亂死亡的人數可能更多。

「不管霍亂、傷寒、痢疾等傳染病，只要引自來水，家裡就會安全……」大正時代（1912至1926年）福岡市為宣傳自來水的好處，曾經用了這個說法。也因為前人的努力，目前的時代也暫時擺脫了傳染病的威脅。但加氯消毒也有一定的風險，只是目前技術上我們沒有更好的選

擇，而更安全的淨水技術仍在不斷研發中。

此外還有其他的問題。隱孢子蟲（Cryptosporidium）等寄生在消化器官的原蟲會透過寵物、家禽或人類的糞便污染飲水水源，若感染的話，會造成腹痛或痢疾等疾病。目前加氯消毒仍無法有效殺死這類微生物。在美國密爾瓦基（Milwaukee）曾傳出40萬人的大規模感染事件；日本1990年代也零星傳出感染報告。

若經過嚴密的過濾程序，隱孢子蟲的去除率可達99%以上。因此日本厚生勞動省正努力強化自來水淨水程序的水質監控，並適當輔導各地自來水廠的過濾處理作業。若自來水送水裡隱孢子蟲被檢出的話，則該淨水廠必須使用膜處理程序，以過濾膜淨化自來水。這個方法常被用在家用淨水器中。適當設計過的膜的孔隙非常地小，因此隱孢子蟲無法通過而被過濾乾淨。

水質的維持和所需費用

水源附近若可能混入許多生活污水的話，為了達到足夠的消毒效果，必須加入過量的氯。但這也會使自來水有較強烈的氯氣味，而且容易產生較多的三氯甲烷。

為了改善這個狀況，在原水有機物質含量較高的情形下，經過一般的淨水處理之後，會採取臭氧消毒和活性碳過濾的高級處理，讓水質更好。活性碳是木材、泥碳、煤、椰子殼等經高溫熱處理之後製成的碳，表面有許多微細的孔隙，可以吸附不純物和微粒子，使水質更為純淨。

淨水處理技術的改善固然需要許多努力，但保護水源周邊的環境品質也是非常重要的事。水源地通常在深山的森林裡，稱為水源林。在水源林降下的雨水，會被地下像海綿一樣的土壤過濾、儲存，慢慢從水滴、小水流，逐漸匯流到河川。為了保護上游的水源林，國家實施了許多政策，但如何確保維持與管理水源林的環境品質所需要的經費，是當前的一大難題。

在橫濱市，水源是遠自山梨縣的道志村所引取。為了保護道志村的水源林與促進當地的地域振興，1997年橫濱市與道志村共同成立了公益基金，由橫濱市出資10億日圓，道志村出資1,000萬日圓。

除了公益基金的方式，另外也有地方政府以水源稅等名義，向市民收取新的稅金，以募集必要的水源林管理維護經費。例如位於四國的高知縣，從2003年度開始五年間，每年向縣民課500日圓的水源稅，以此稅金做為設置森林環境保全基金的財源，進行水源林的保全活動。

在日本，一般認為「有安全的水是很理所當然的事」，但安全的自來水不是簡單就能獲得。為了提供更多更好水質的自來水，必須投入更多的資金，也因此，使用者也應依據其使用量支付相應的自來水費才是。

自來水費率決定的主要依據是製造成本，因地而異。在日本一個月1立方公尺的價格，隨地域狀況而異，從40日圓到300日圓都有，平均是150日圓。

一般的商品，為了促進消費者購買欲望，若是購買數量愈大，單價會愈便宜。但在日本，自來水費率的設定卻是相反，是採取費率遞增的原則。用水量愈大的用戶，其每立方公尺的水價會較高。以東京都為例，像一個人獨居的用水量較少的用戶的自來水費率是140日圓／m^3；而像大學或車站用水量大的用戶，自來水費率則是400日圓／m^3。這種自來水費率設定的目的，其實是為了促進社會大眾節約用水，設計的一種經濟誘因。

下水道和化糞池

生活污水的處理

生活污水是指從廁所、浴室及廚房等排出的種種生活中產生的污

水。而若把糞尿除外的部分，可稱為生活雜排水。生活污水和雨水是如何從都市裡被排放出去，以維護都市的衛生整潔，自古以來一直都是世界各國的難題。

二千五百年前繁盛的印度河流域文明的大都市摩佐亨達羅（Mohenjo-daro）的住宅區，就已經設置了下水溝收集生活污水，並有專人定期清掃。

在十四、十五世紀的歐洲，由於戰爭的關係，都市的四周都被城牆包圍，生活環境非常地惡劣。居民甚至從窗戶將糞便和垃圾丟出，街道滿是惡臭，鼠疫也經常發生。到了十九世紀，下水道建設才正式納入都市計畫中，都市環境品質才有大幅改善。

那日本又是如何呢？在七世紀時建造的難波宮（大阪市）遺跡中，發現建有雨水的排水溝。在平安京（今京都市，八至十九世紀）裡，也設有「京職」的行政機關，專門負責排水路的管理，但污物和堆積物仍常常自排水路溢出。

到了江戶時代（1603至1868年），為了解決雨水排放的問題，下水道的建設開始有明顯進展。而擁有近30至40萬人的大阪市也進行了稱為「背割下水」的公共下水溝的建設，而總延長在江戶末期達到346公里。

在此同時，從都市排出的糞尿則經收集後，運到附近的農村，做為農業使用的「下肥」（肥料）。因此，相較於同期的歐洲都市，江戶（現在的東京）和大阪的都市環境品質好得很多。但是在江戶，只有大便（糞）會被收集做肥料使用，尿則因為養分較稀，被當成廢物排放。居住的長屋裡有專門收集大便的廁所，也有專門讓男子小便用的便斗。

到了明治時期（1868至1912年），優先進行自來水道（上水道）的建設，而之後才是下水道。不分身分的貴賤，受污染的飲用水在當時是罹患傳染病的主要原因，因此自來水的確保非常重要。而低收入戶居住地區的下水道建設相對順位在相當後面。東京開始正式進行下水道建設是從大正2年（1913年）開始，而於大正11年（1922年）日本最早的污水處理廠，三河島下水處理場才正式完工。

若下水道建設完備的話，都市的生活環境在短時間內可大幅改善，但下水道管網的整備需要非常龐大的費用，也需要很長的興建時間。大阪市在明治時代的下水道總計畫費用是104萬日圓，而同時期大阪市一年的總預算僅有60萬日圓。因此我們可以想像所需經費的高昂程度。

即使在現代，日本每年中央政府花在下水道建設和維護的經費也高達2兆日圓，這個金額還不包括地方政府在相關工程所編列的經費。而在2006年度末期，全日本約有8,961萬人的家庭有下水道接管。下水道建設完善的區域在日本稱為「下水道地域」。

「下水道地域」之外，則有約1,507萬居民的家庭是使用合併式處理的化糞池或是使用農業地帶的聚落污水設備等污水處理設施。總計日本全國污水經一定處理的人口有1億468萬人，占總人口的82.4%。

下水道

在日本，「下水道法」裡制定了下水道的排放水水質、處理設備等標準的相關規定。

下水道分為合流式與分流式兩種。雨水和生活污水合流的稱為**合流式**（如**圖3-2**所示）；而雨水和生活污水在不同管路收集輸送的稱為**分流式**（如**圖3-3**所示）。

在以前，日本的下水道建設以合流式為主。由於雨水也一起收集輸送的關係，管線會較粗。合流式下水道的缺點是雨水的收集量不穩定，下水道管網的流量不易控制。若雨水少的話，則污物在管內不易流動，會屯積在管線裡；相反的若雨量太大時，下水道流量會超過污水處理廠的處理能力，而造成未處理的污水直接放流到下游的河川或海域的狀況。

而現在，新設的下水道都採用分流式的設計。分流式下水道的話，雨水管線不會經過污水處理廠而直接排放到河、海水裡。由於只有生活污

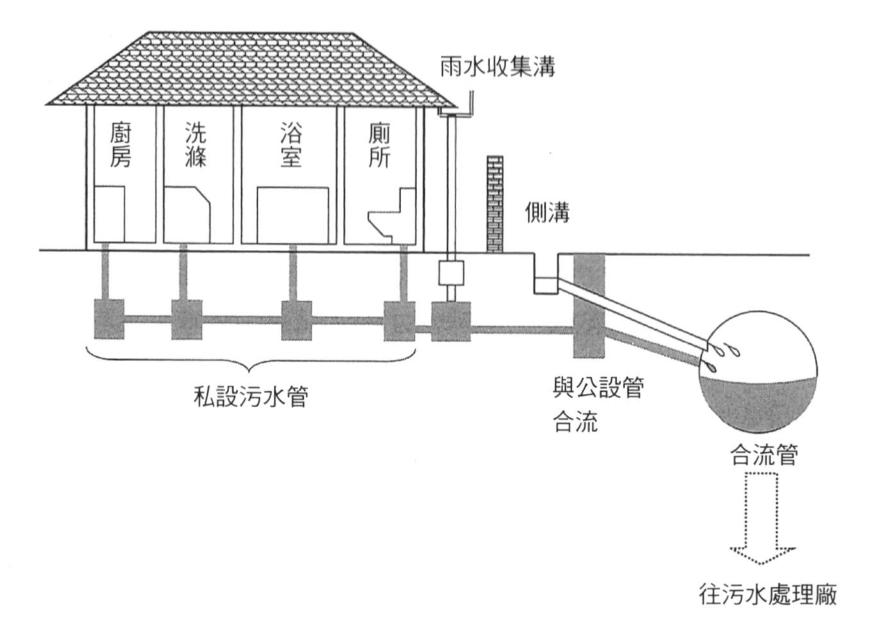

圖3-2　合流式下水道示意圖

水會被送到污水處理廠，處理量較不會受天候影響。在新興的住宅區，如果看到下水道人孔的蓋子上面寫有「雨水」（日文：うすい）或「污水」（日文：おすい）的話，那該地區的下水道就是採用分流式的系統。

像大阪和東京都心區較早的下水道系統大多採用合流式的設計。雖然有關單位很想把這些舊管路改成分流式系統，但需要的經費非常龐大，而且因是高密度開發的地區，建設用地也不易確保，讓改建非常困難。因此這類的區域目前採取的對策是儘量讓雨水能暫時貯留在地表土壤中，鋪設利於讓雨水滲入土壤的道路和人行道鋪面，讓雨水不至於在短時間大量地流入合流式的下水道裡。

污水處理廠

經由下水道管線收集的污水會送到**污水處理廠**將污水裡的有機物分

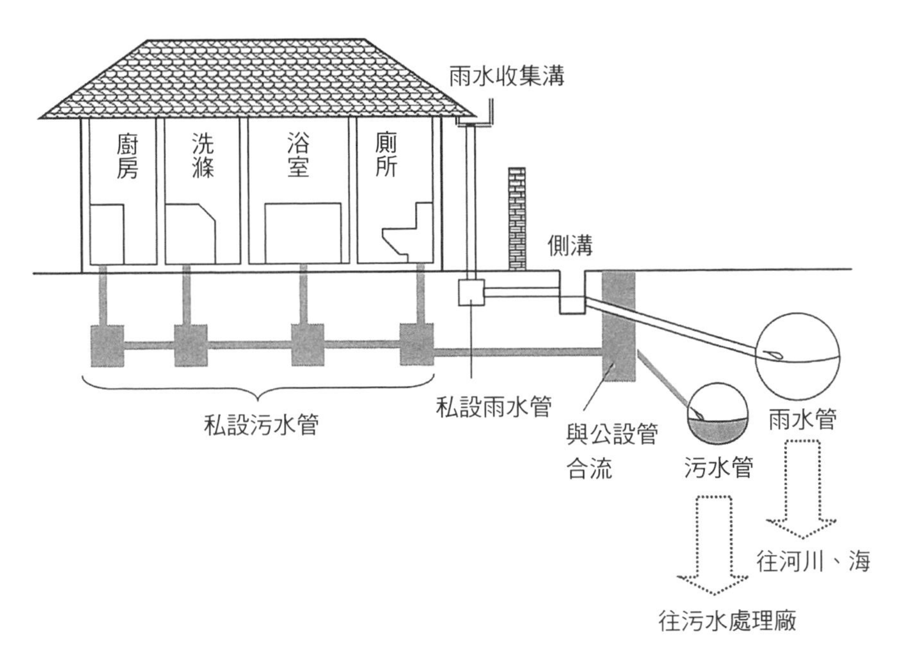

圖3-3　分流式下水道示意圖

解去除。

到1960年代為止，因為下水道建設規劃的延遲，所以並非所有的下水道管網末端都設有污水處理廠。因此，大量的生活污水和工廠廢水幾乎都未經處理，直接排放到鄰近的河川或海域裡。河川的水非常污濁，嚴重的地方甚至會散發出惡臭。而直到1970年代，才正式全面進行下水道建設，完善地處理污水，都市的河川水質才大幅改善。

在下水道管網興建中的地區，也可能發生雖有下水道管線，但沒有污水處理廠，而讓污水直接排放到河川及海域的情形。此外，也有些地方就算設有污水處理廠，但也因經常停電，造成污水處理設備無法完全發揮功能，污水處理效率不彰，甚至沒有處理就直接排放的狀況也發生過。在這些情形下，河川和海域的水既臭又黑，大腸桿菌數也超過標準，不能達到海水浴場的基本水質要求。

污水處理廠的污水處理，主要以下面的程序進行。

首先，經下水道管網輸送到污水處理廠的污水會初步地篩除混入其中的雜物，引進沉砂池和第一沉澱池，將粗大的浮游物質或短時間內可沉澱下來的雜物去除，此階段稱為一級處理，如**圖3-4**所示。

之後，初步處理過後的污水會進入污水處理廠的核心處理步驟，稱為二級處理的階段，在此將利用微生物的力量，將有機物分解去除。

近代的污水處理廠的二級處理大多使用活性污泥法，在反應槽中將污水與大量的微生物群落混合，利用曝氣機將空氣強制送入反應槽裡，進行強制曝氣。

在此利用的是好氧性微生物，其實和人類一樣，呼吸氧氣，而將有機物分解成二氧化碳與水，並同時獲得能量。藉由好氧性微生物進行的有機物分解過程稱為好氧性處理。在反應槽裡，經常提供大量的氧氣，讓微生物能夠順利地將污水中有機物分解，然後會大量增殖。而最後，污水中的有機物被分解，再將乾淨的處理水和大量微生物存在的剩餘污泥分離。

之後，乾淨的處理水會被送到最終沉澱池，讓水靜置，使污泥能藉由重力沉澱作用而被分離出來。最終沉澱池上部澄清的水會再添加藥劑消

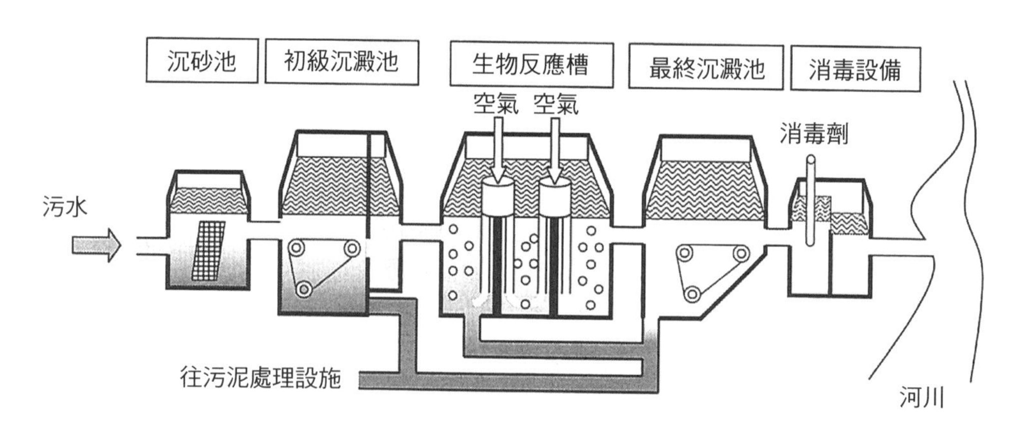

圖3-4　污水處理廠處理流程示意圖

毒，之後放流至河川或海域裡。

活性污泥法能夠有效率地將污水處理得非常乾淨，但是由於需要曝氣機不斷地提供大量的空氣，因此也需要大量用電，造成營運成本非常地高。此外，也會產生大量污泥，需要另一筆處理污泥的費用。

污水處理過程中產生的污泥稱做下水污泥，如何有效地處理下水污泥也是個困難的課題。若將下水污泥乾燥後進行發酵的話，可以做成優質的有機肥料。但是因為這樣的處理過程中會散發出臭味，在都市地區容易造成處理廠附近居民的不適，引發民眾抗議臭味問題。而另一個課題是下水污泥中含有很多的亞鉛和鉛的重金屬（原因仍不明），做成肥料使用的話可能造成農地的重金屬污染問題。因此，目前在日本下水污泥再利用為肥料的市場需求不大。每年產生的近200萬公噸的下水污泥有六成到七成是被焚化處理。

一般的污水處理大概經二級處理階段後就結束，但活性污泥法對氮和磷的去除率僅約30%，放流水若排到封閉性的水域（如湖泊）的話，容易形成優養化（請參照第四章）的問題，因此經二級處理的放流水必須去除裡面含有的氮和磷，這個階段稱為三級處理（高級處理）。氮的去除機制是利用微生物的力量，將氮轉化為氮氣，排到空氣裡（大氣中成分約80%為氮氣）；而磷的去除，則是利用混凝劑進行沉澱去除或是利用微生物吸收水中含有的磷兩種方法。

污水處理廠的營運費用和下水污泥的處理費用，是以污水處理費的名義向使用者徵收。在日本的「下水道地域」，污水處理費和自來水費是一起徵收的。所以不少民眾會以為自己只付了自來水費，而實際上約將近一半是支付污水處理費。在收據裡其實有詳細記載不同費用的明細。

在日本一般污水處理費率會設定得較自來水費率便宜一些。實際上，自來水的淨水處理是將水源地不太受污染的清水處理成安全的飲用水；而污水處理是把糞尿和生活雜排水等骯髒的水處理到可排放到河川等自然水體可接受的程度。因此若考慮所需的技術水準和處理成本的話，污

水處理費率應該會較自來水費率為高才是。但在眾多考量之下，現在的費率設定卻是相反的狀況。

化糞池

在日本下水道未接管的地區，一般家庭大多設置**化糞池**處理從廚房、浴室與廁所等排出的生活污水。化糞池可分為分離式與合併式兩種類型，從水質環境維護的觀點來看，兩種類型有很大的差異。

每人每天排出的生活污水所含的有機物總量（BOD，請參照第四章）約40g；其中糞尿約占三分之一（13g），剩下的部分（27g）為生活雜排水。

使用分離式化糞池處理的家庭只有糞尿會被化糞池處理，而生活雜排水則未經處理直接排放到鄰近的河川、湖泊、地下水層等水體（如**圖3-5**所示），因此約有三分之二家庭生活污水的有機質是直接排放出去。而糞尿在分離式化糞池也僅有65%的去除效率。結果每人每天排出有機物量40g之中，有32g（80%）會排放到鄰近的水體，對附近水域環境造成很大的影響。

另一方面，合併式化糞池則是將糞尿與生活雜排水一起處理，因此總共可以去除生活污水中90%的有機物，處理後的排放水水質和經污水處理廠處理的水質非常接近（如**圖3-6**所示）。

目前在日本新設的化糞池必須採用合併式的設計，分離式的化糞池將被慢慢淘汰。但是截至2006年的統計，合併式化糞池的使用用戶約有1,114萬人，而分離式化糞池的用戶還約有2,000萬人，因此改善這個比例是對下水道不普及地區水質保護的關鍵策略。

合併式化糞池在有機物的去除過程中，除了使用一般污水處理廠採用的活性污泥法的好氧性微生物之外，也同時使用厭氧性微生物的力量分解有機物。

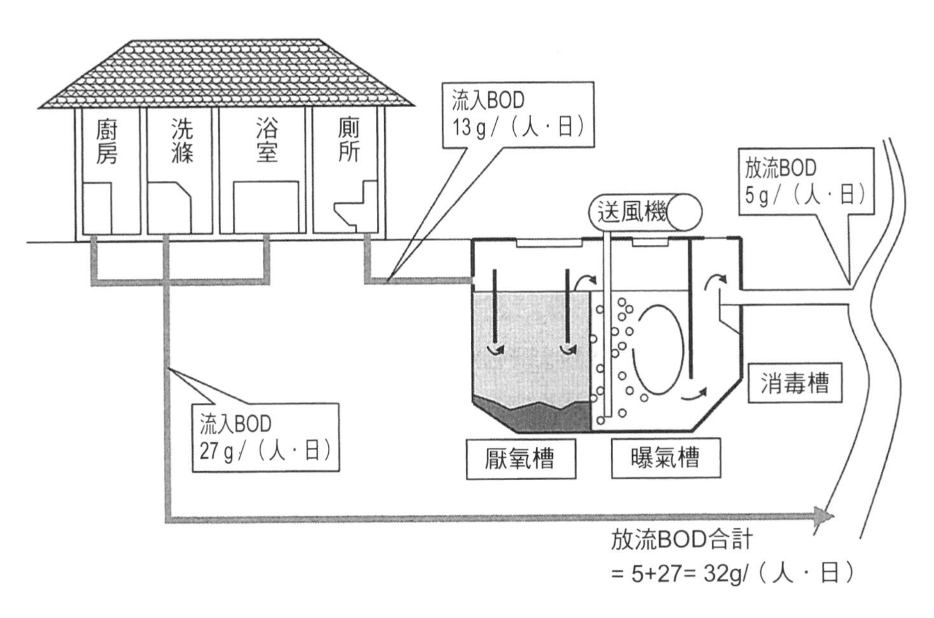

圖3-5　分離式化糞池處理流程示意圖

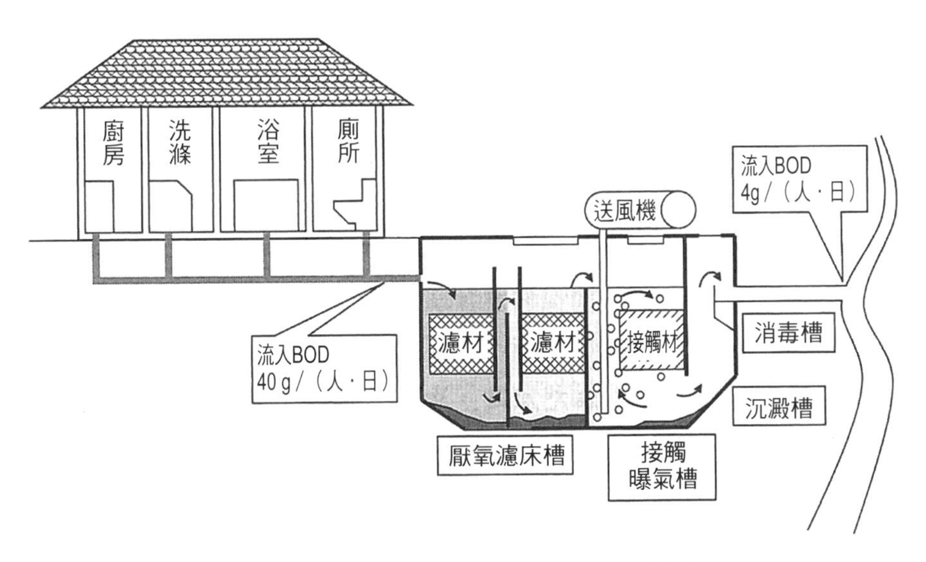

圖3-6　合併式化糞池處理流程示意圖

厭氧性微生物在缺氧的環境中會藉由分解有機物質，得到所需的能量，也同時產生甲烷（沼氣）。

在合併式化糞池的處理流程中，首先家庭污水會被送到缺氧的反應槽裡，在此懸浮物會被去除，而且附著在塑膠製過濾材質表面的厭氧性微生物會分解有機質。處理過的水會被送到厭氧過濾床槽，再一次進行厭氧分解。在厭氧過濾床槽中，由於氧氣幾乎不存在，因此好氧性微生物幾乎死亡，不會存在污水裡，純粹由厭氧性微生物分解有機質。

經厭氧過濾床槽處理過的水，之後會被送到接觸曝氣槽。在此，電動馬達（曝氣機）會一直將空氣送到污水裡，此時好氧性微生物會在污水中增殖，分解污水中剩下的有機質。經此程序之後，會添加藥劑至處理過的水進行消毒，再將它放流出去。

由於污泥會慢慢累積在化糞池裡，因此必須定期將污泥抽取出來。此外，也必須定期維護電動馬達和補充消毒劑。除了希望使用化糞池的用戶能和相關業者徹底進行上述的維持管理作業之外，也希望法律能規定處理水水質必須進行定期檢查，以保護鄰近水體的水質。

日本的「下水道地域」，污水處理費和自來水費一起收取，所以各個用戶對生活污水處理在經濟面上的負擔可能沒有太多感覺。先不論這種收費方式是否正確，但化糞池的用戶由於一定要得負擔化糞池定期維護管理的支出，所以經濟上會比較有壓力，但也容易出現用戶疏忽必須的化糞池維護管理作業。

專欄 下水道與工廠廢水處理

在「下水道地域」裡有工廠的話，工廠的廢水必須排放到下水道裡。因行業而異，工廠廢水可能含有各式各樣的重金屬和有害物質，若直接排放到下水道的話，不但可能會造成下水道管線腐蝕破損，也可能會傷害污水處理廠裡處理污水的微生物，降低污水處理效率。此外，微生物無法處理的重金屬若排放到下游河川等水體的話，更會對生態系造成嚴重問題。為了防止這些問題，日本訂定了工廠排放到下水道的廢水的水質標準，各個工廠在排出廢水前都必須進行一定程度的廢水處理。

因為污水處理廠可以有效去除污水中的有機物，所以若工廠廢水僅含有機物且濃度和生活污水接近的話，可以直接排放到下水道裡。例如只進行食材烹調的食品加工廠，廢水可能就可以直接排放到下水道（滿足工業廢水排出到下水道的水質標準的話）。

一般而言，工廠必須依據其排放到下水道的水量支付污水處理費。而在某些地區，則還會依照工廠廢水的有機物額外徵收污水處理費。

由於污水處理費對工廠來說是一大負擔，因此工廠也會努力降低廢水量。

大阪市首開日本地方政府的先趨，在1973年針對市內工廠廢水徵收「水質使用費」。在1978年時，水質使用費徵收對象的一百六十五個廠商，平均每個工廠每年的徵收金額將近500萬日圓。因此各個廠商自此努力實行節約廢水，從水質使用費徵收開始的十年間，徵收對象的總廢水量約減少了五分之一。

圖3-7裡顯示大阪市的工廠排放至下水道的總廢水量和平均每工

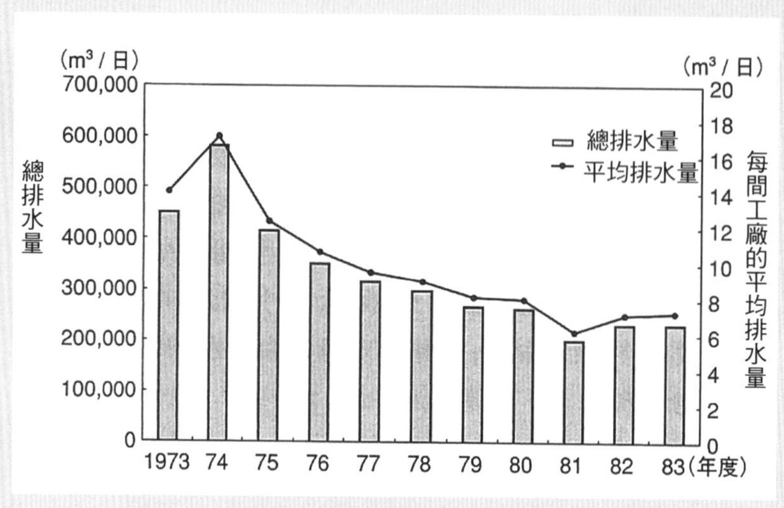

圖3-7　大阪市的工廠排放至下水道的廢水量

資料來源：大阪市下水道局（1990）。

廠的排放量。1974年開始到1983年十年間的總廢水量，從每日58萬1,931m^{3}開始減少到僅約一半的23萬3,676m^3。而同一期間的工廠數也從3萬3,892減至3萬2,656間，約減少了5.1%。因此，我們可以歸納出總廢水量的減少是由於每間工廠的廢水量減少造成的結果。

另外，工廠廢水量大幅減少還有兩個其他原因：一個是1973年發生的石油危機造成的景氣衰退；另一個是1972年開始實施的污水處理費率的遞增制度（排放到下水道的量如果愈大的話，每公噸污水處理費也會愈高的收費體系）。

污水處理費可以視為利用經濟誘因，達到環境保護的一個好的政策工具實例（請參閱第一章說明）。

Chapter 4

水質污濁與土壤污染

引言

因家庭、工廠或農地等的廢水造成河川、湖沼與海洋的水質惡化之情形，稱為水質污濁。而因有機物造成的有機污濁和氮、磷造成的優養化是最常見的兩種類型。這兩種都會造成河川裡的溶氧量不足，使魚和各種水棲生物無法在水中生存。甚者，水會變得黑濁並散發出惡臭。

在第四章的前半部，將介紹為何有機物、氮與磷是被用於測定水質污濁程度的指標的理由，也會說明這三種污染物是如何影響水質。

此外，若工廠廢水含有過量的重金屬和有害物質的話，將會對人體健康有嚴重影響。工廠廢水和廢棄物也會造成土壤污染。因此，在第四章的後半將討論工廠廢水的處理和土壤污染的特徵及因應對策。

»»» 關鍵字 »»»

溶氧（DO）、BOD、COD、曝露途徑、土壤淨化、密封

有機污濁

生活廢水中通常含有許多的有機物。有機物的排放量若不大的話，流入河川、湖沼、海洋（以下統稱為公共水域）的話，會被水中的微生物所利用分解，不會對環境造成太大的問題。但是當大量的有機物被排放到公共水域而超過其天然分解污染物的能力（涵容能力）的話，會造成水質惡化，影響水裡生物的棲息，嚴重的話，水會變得黑濁，放出惡臭，嚴重影響水域附近居民的生活品質。這樣的狀況，我們稱為過剩有機物造成有機污濁的水質惡化問題。

一般我們可以用水中的溶氧（DO）、生化需氧量（BOD）與化學需氧量（COD）做為水體有機污濁的程度的指標。

溶氧

水中的好氧性生物（請參照第三章）會攝取水中的氧氣，分解有機物，製造所需要的能量。水中的魚類就是最常見的好氧性生物，呼吸溶解在水中的氧氣過活。溶解在水中的氧氣我們稱為**溶氧**（dissolved oxygen, DO）。

在室溫（約20°C）下1公升（L）的水能溶解的氧氣最大是9mg。而同樣9mg 的氧氣在20°C，變成1大氣壓的氣體狀態存在的話，體積大約是7mL。一般保特瓶瓶蓋內的體積大約是5mL，所以一般1L的保特瓶的水裡面最大的溶氧量大概只比瓶蓋大小多一點。

這少量的溶氧，卻扮演了支持水中生態系繁衍的重要角色。大氣中的氧氣，與水體表面接觸，通過水面後，慢慢地溶解到水中，這個過程的速度其實很慢。因此，若水裡的溶氧消耗速度過大的話，溶氧很快就沒了。平常大家小水缸裡養的小金魚，有時會游到水面附近，用口快速呼吸，其實這就表示水裡溶氧已經太少了。為了讓金魚更有活力，可以考慮換水面更大的魚缸，讓大氣中的氧氣更容易溶解到水裡，或是加裝馬達，把空氣打進水裡。又或者，可以在魚缸中放些水草，利用水草行光合作用，讓水裡多些氧氣。

公共水域若是有大量有機物被排放進去的話，好氣性生物會吸收大量水中溶氧，分解有機物。有機污濁發生時，水裡溶氧會非常地低，幾乎被消耗殆盡，因此可以用溶氧的高低做為有機污濁發生與否的指標。

BOD

水中的有機物量太多的話，溶氧量會變低，使水中環境不適合一般好氧性的水中生物，而水也會看起來非常地污濁。水中的有機物種類非常地多，因此若有一個可量測的綜合指標表示有機物的總量的話，我們可以大概瞭解水中的污濁程度。通常我們使用的水中有機物總量指標為**生化需氧量**（biochemical oxygen demand, BOD）。

BOD是指水中的微生物若進行好氧性分解有機物的話，所需要消耗的溶氧量。因此若水中有機物的量愈多的話，分解時所需要的溶氧量也愈大，BOD值就愈高。

BOD的測量方法，是將採集到的水為樣本，放在測量瓶裡，於20°C的環境中靜置五天。然後量測在這五天裡水中的微生物會分解有機物而消耗的溶氧量。若樣本很髒，而水中可能沒有微生物存活的話，則必須額外添加少許微生物以利量測。

因為在20°C的條件下，水中的溶氧最大約為9mg/L。因此，若BOD超過9mg/L的話，隨著有機物被分解，大氣溶進水裡的氧氣會不夠充足，因而水中的DO也會非常地低。若河川處於這個狀態的話，需要高溶氧量才能生存的水中生物，如魚蝦等，將無法存活而從此水中生態系裡消失，取而代之成為強勢族群的會是克氏原螯蝦（美國螯蝦）、線蚯蚓等對有機污

濁容忍度高的生物。

若在BOD值再更高的污染水域裡，好氧性生物能使用的DO趨近於零的狀態下，連克氏原螯蝦與線蚯蚓等都無法生存。最後，只有不需氧氣也可以分解有機質取得能量的厭氧性生物能存活（請參照第三章）。

厭氧性生物分解有機物時會生成甲烷，且有機物中所含的硫會轉化為硫化氫或硫醇等惡臭物質。這樣的話，河川的水會變得又黑又濁，不時產生甲烷的泡泡和散發出硫黃的臭味，變成腐敗的河川。

COD

化學需氧量（chemical oxygen demand, COD）是和BOD類似的指標。主要差別是BOD是生物分解水中有機物所進行生化作用時所需要的溶氧量，而COD是用氧化劑將水中有機物完全化學氧化分解所需要的溶氧量。氧化劑可將生物無法分解的（不能吃掉的）有機物完全分解，所以通常COD的數值會大於或等於BOD。

另外，BOD的測定時間需要五天，COD則有很快就可以得到結果的優點。而當分析樣本含大量的浮游植物的時候，由於在BOD五天的分析期間內，浮游植物可能會吸收光線進行光合作用，產生氧氣，會對BOD數據的精確性產生干擾，所以對於浮游植物存在較多的湖沼和海洋的分析樣本，通常會使用COD做為有機污濁指標。

做為有機污濁的指標，在測定COD數值時為了能完全分解樣本中的有機物，會使用具強氧化力的氧化劑，目前各國測定COD時常使用的氧化劑為重鉻酸鉀（$K_2Cr_2O_7$）。

但在日本，由於以前曾發生嚴重的六價鉻化合物的土壤污染事件，因此儘可能不希望再使用六價鉻的化合物。所以在COD的測定中，日本的標準分析方法是使用過錳酸鉀（$KMnO_4$）。但是因為過錳酸鉀的氧化力沒有重鉻酸鉀高，所以和其他國家使用重鉻酸鉀測出的COD值相比，

日本使用過錳酸鉀測出的COD值會較低，不宜直接比較。

優養化

優養化的機制

像湖沼或內灣一樣，在水會長期停滯的水域，就算沒有有機物大量流入，也很容易有優養化的問題。

水中的浮游植物會行光合作用，生成碳水化合物做為所需能量的來源，但是對整體的繁殖而言，只靠光合作用並不足夠，還需要許多的元素和營養。在所需要的營養中，氮和磷是重要的元素，若這兩者其中之一不夠的話，浮游植物將無法順利穩定繁殖。

對於浮游植物來說，像是在吃飯一樣，無論陽光再怎麼強，若沒有「配菜」的氮和磷的話，只有二氧化碳和水的「飯」還是很難下嚥。在深山的清流和清澈的湖泊裡，因為氮和磷的量很少的關係，浮游植物無法大量增殖，稱為貧養狀態。

而相對的，若在水和陽光非常充分的環境，補充大量的氮和磷的話，由於二氧化碳會一直從大氣提供，浮游植物會不斷地一直增殖。在水體內氮和磷過量被提供，而使藻類等浮游植物生長過多的狀態，稱為**優養化**。

優養化的情形其實在自然界也經常發生。在湖的生命週期裡，若一開始由清澄的水形成一個新湖，在最初氮和磷都稀少的狀態下，大部分的新湖都是貧養的狀態。而注入湖裡的鄰近河川上游森林裡的樹、草等植物，隨著植物枯萎，雨水將植物腐葉及樹枝裡所含的氮和磷沖刷到河川，進而匯流至湖裡的話，湖裡的優養化就會逐漸開始。

湖裡的浮游植物若攝取水中的氮和磷的話，隨著光合作用的進行會一直增殖，然後又死去形成植物殘骸，而這些植物殘骸也會成為湖裡新的氮和磷的來源。若浮游植物殘骸和其他氮與磷的成分沒被分解完全的話，則會慢慢沉降到湖的底部（如**圖4-1**所示）。這個過程會一直重複進行，而直到最後湖底的沉積物會愈來愈厚，使湖水深度愈來愈淺，最後使湖泊慢慢沼澤化，最後再慢慢成為陸地。

自然界的優養化，從以前到現在一直不斷地進行之中。因此對於優養化的現象，問題在人類活動造成水體的優養化速度比自然界的優養化快太多。僅僅生活廢水裡所含的氮與磷就遠遠超過自森林流出的氮、磷排放，目前全世界許多地方優養化正在急速進行中。

赤潮

赤潮是指隨著優養化急速進行的過程中，浮游植物、原生動物或細菌等在短時間內快速增殖的現象。赤潮不一定是紅色，隨浮游植物種類的不同，綠色和茶色的赤潮也會發生。

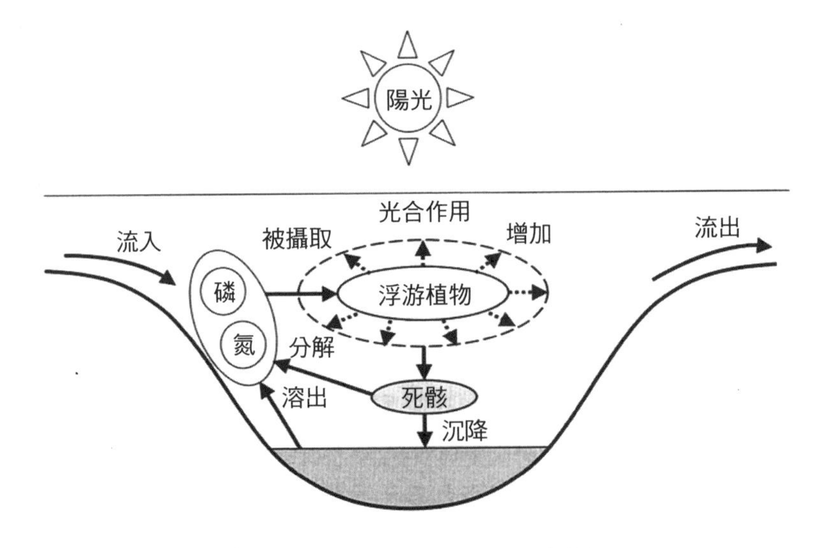

圖4-1　優養化的過程示意圖

近年曾因赤潮發生導致魚貝類大量死亡的事件，就連養殖魚場也無法倖免，甚至全滅。

因赤潮而使魚貝類致死的機制因浮游植物的種類而異。魚類會因浮游植物可能產生的毒素致死，或者因無毒的浮游植物堵塞住魚鰓而窒息而死。而也有其他原因造成赤潮對養殖魚類產生危害，但詳細機制還不清楚。

在日本瀨戶內海地區，每年約發生100起赤潮事件，而其中約10件對近海漁業造成重大損失。而在東京灣地區一年也約發生數十次赤潮的現象。

青潮

由於大氣中的氧氣無法抵達海底深處，浮游植物的殘骸若沉積到海洋深處時，海水裡的溶氧很快就會被好氧性生物使用於分解有機物的過程裡，因此海洋深處存在一個無氧的水層，而有機物的厭氧分解會在此進行，硫化物和硫黃等厭氧分解的生成物會堆積在海底。

這些原本在海洋深處的無氧水若被水面上的風力或地球自轉作用力捲到海面上的話，這個現象被稱為**青潮**。從海底和水一起被捲上來的硫黃和硫化物的微粒子，在接近海面的地方會散射陽光，從海上會看到青白的海水，故稱為青潮。因為青潮裡幾乎沒有溶氧，因此若魚類游到裡面的話，來不及逃出的話，會因缺氧窒息而死，對漁業有很大影響。東京灣一年約發生二十次青潮的現象，但近年有減少的趨勢。

礦業廢水

環境影響

採礦作業場所和其工廠排出的廢水，可能會含有許多重金屬等有害物質，若沒有被適當處理的話，不但會對鄰近地區的居民產生不良的健康影響，對當地的農業和水產業也會造成重大損害。

被認為是日本「公害的原點」的足尾礦毒事件，是明治時期在栃木（讀為[`totʃigi]）縣，足尾礦山排放出大量的含銅廢水和採礦時剩餘的銅礦殘渣到下游的渡良瀨川裡，導致河川下游取水灌溉的稻田無法生長。銅引起的水質污濁和衍生的農田土壤污染問題對農作物和生態系都是一大損害。

事實上，1950到1960年代，日本發生的四大公害病——痛痛病、水俣病、第二水俣病、四日市哮喘——之中，除了四日市哮喘之外的三者都是因礦業廢水並未經過適當處理而引起的。

痛痛病會使骨頭變得非常脆弱，就算是輕微的運動都可能會骨折。最早是以富山縣的神通川流域的中高年女性為主要發病者。位於川流域上游的岐阜縣神崗礦山為亞鉛的產地之一，在採礦過程中排出的含鎘廢水經由神通川污染河川下游的生活用水及農田裡的土壤。而居民長時間曝露於鎘污染的環境中，攝取過量的鎘而生病（請參見本章最後的專欄解說）。

水俣病和第二水俣病的起因分別是因熊本縣及新潟縣的化學工廠排放出含甲基汞的廢水至附近水域，慢慢因食物鏈污染魚類，而使得魚類體內累積了高濃度的甲基汞（請參照第七章說明）。附近居民長期食用被污染的海鮮後而造成慢性汞中毒。甲基汞會侵犯中樞神經系統，因此被害者會出現包括感覺遲鈍、運動失調、手足發抖等神經不協調的病狀，嚴重者會發狂，甚至意識不明而死亡。

廢水處理

在日本，「水質污濁防止法」裡訂定了有關公共用水域的水質保全對策的相關法律，廢水中的有害物質排放濃度也規定在水質污濁防止法裡（請參閱第七章）。礦業廢水裡所含的有害物質的種類和濃度會隨行業別和工廠而異，因此為滿足排放標準的規定，有許多處理方法可以選擇。

若工場廢水僅含有機物（BOD）的話，該廢水可直接排放到下水道裡（請參閱第三章最後專欄的說明）。但是若BOD濃度超過下水道法規定的排放標準（600mg/L）的話，工廠必須以活性污泥法等處理方法，將廢水的BOD濃度處理到排放標準之下，才得以排入下水道。

若工廠並未在下水道管線接管的範圍裡，而是將廢水排放到鄰近公共用水域的話，必須將廢水裡的BOD濃度處理到廢水排放基準以下（水質污濁防止法的排放標準是160mg/L，但也有部分地方政府自己訂定更嚴格的標準）。

廢水裡若含有重金屬的話，活性污泥法等生物處理方法則不適用，必須將重金屬轉化為不溶於水的化合物，再進行沉澱去除（請參照**圖4-2**）。

隨重金屬種類和廢水性質而異，廢水的處理方法也有所不同，一般常被使用的是中和法。一般含重金屬的廢水都是酸性，因此若加入鹼性溶液的話，可以將廢水轉化為中性，而重金屬離子也會和氫氧根（OH^-）結合變成沉澱物，可再回收利用。一般常用的鹼性溶液為氫氧化鈉（$NaOH_2$）與消石灰（碳酸氫鈉，$Ca(OH)_2$）等。

若將鹼性溶液和氯化鐵（$FeCl_3$）加入廢水裡的話，則會生成氫氧化鐵（$Fe(OH)_3$），因氫氧化鐵不溶於水，所以廢水中的重金屬會吸附在氫氧化鐵一起沉澱，這個方法稱為共沉澱法。然後，可利用砂或活性碳的過濾池（請參照第五章），將要過濾的重金屬沉澱物從廢水中分離出。之後再利用錯合物（chelate）與廢水中殘餘的重金屬離子結合去除，之後處

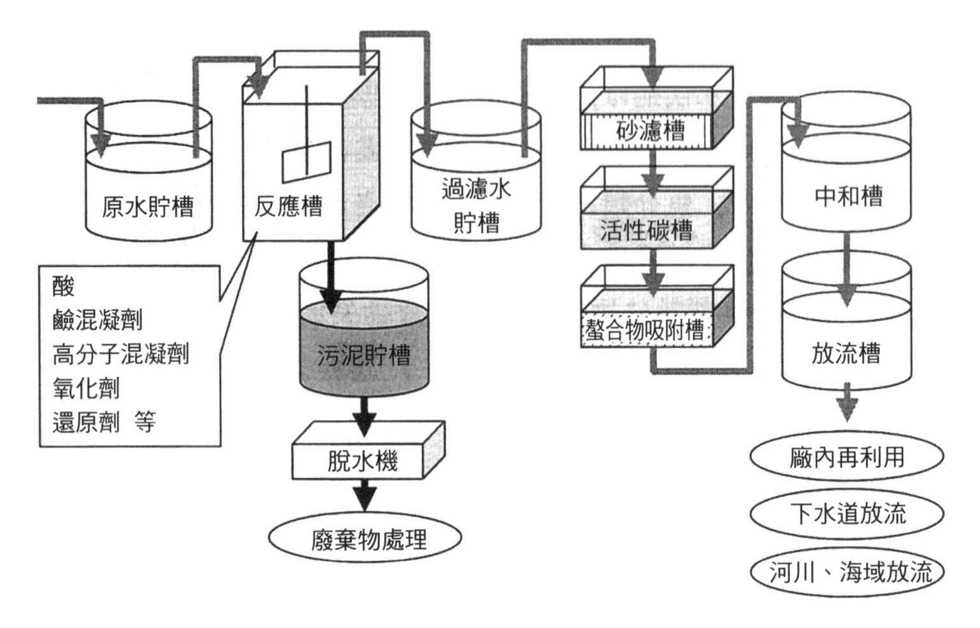

圖4-2 重金屬廢水的處理流程示意圖

理之後的水符合排放水基準的話，就可以排放到附近水體或是下水道裡（請參照**圖4-2**）。

另一方面，分離出的重金屬會成為污泥，成為事業廢棄物的一部分，可以用其他方法再回收利用，或是依照事業廢棄物清除辦法適當地處理（請參閱第六章）。

土壤污染

特徵

若未完善處理的礦業廢水滲透到地下的土壤，或是有害廢棄物未適當處理而被任意非法掩埋的話，有害物質會慢慢從貯存容器洩露出來而污染土壤。

和大氣污染與水質污濁不同，**表4-1**列舉出土壤污染和前述兩者之間不同的特徵。

表4-1　土壤污染的主要特徵

	大氣污染、水質污濁	土壤污染
曝露途徑的掌握	相對容易	相對較難
環境標準的目標	以行政措施防範污染發生	若未進行詳細調查的話，無法瞭解污染源的所在和污染物的性質
分布狀況	若確認主要污染地點，大概可把握污染影響範圍	若未進行詳細調查的話，無法瞭解污染源的所在和污染物的性質
時間變動	大	小
污染物濃度	若採取適當污染源管制措施的話，污染濃度和範圍應可在短期內改善	需要長期的努力才能降低污染物質濃度
因應對策	管制排放源	除了掌握污染源之外，也要進行必要的污染物質淨化與污染土壤的去除、復育工作

人類必須依賴環境中的空氣和水藉以維生。每天維生所需的必需量慢慢已經被計算出來，因此，若空氣和水含有污染物質的話，每人每天有多少污染物質藉由呼吸空氣和飲水等曝露途徑進入人體的最大量，也可以估算出來。

由於一般人不會刻意吃進土壤，所以考慮到土壤污染產生的健康風險時，詳細把握土壤中有害物質進入人體的曝露途徑非常困難。通常考慮的曝露途徑包括土壤和人體直接接觸，和藉由地下水和大氣等媒介間接進入人體此兩種曝露途徑（如**圖4-3**所示）。

土壤和人體直接接觸的曝露途徑包括經口攝取（口）、吸入攝取（鼻）與皮膚吸收（皮膚）三種可能性。玩土的小孩、從事園藝工作的技師或是生活環境常有砂塵的居民，都可能和土壤有相當的接觸。相反

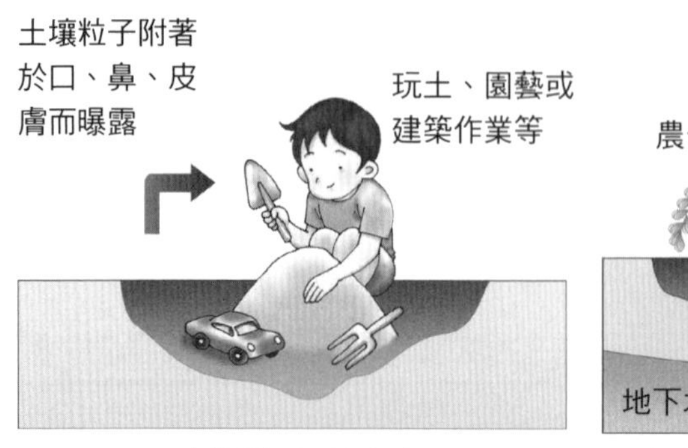

直接攝取污染土壤

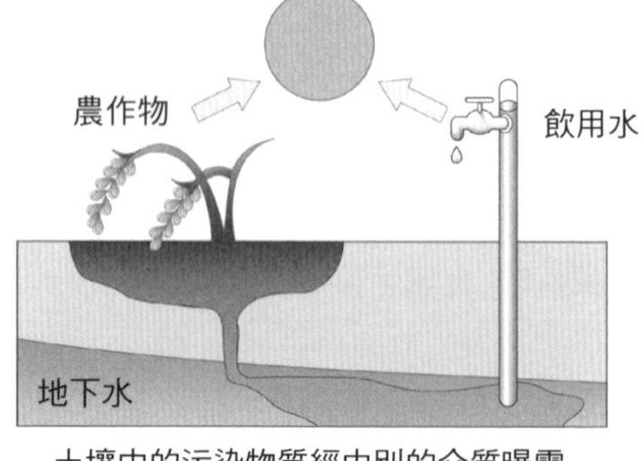

土壤中的污染物質經由別的介質曝露

圖4-3　土壤中污染物質的曝露途徑

地，隨著都市化的演進，一般生活在都會區的人（除非遇到砂塵暴情形）接觸到土壤的量就不太多了。

間接的土壤污染曝露途徑主要包括受污染的地下水或河川水被取用，或是受土壤污染影響的農漁產品被食用等。這兩個途徑也是之前提到的痛痛病產生的原因。被鎘污染的水灌溉農田，土壤裡的鎘漸漸累積在稻米裡，若人們食用受污染的米的話，一段時間之後就會發病；又或農夫長期在受污染的田裡耕作，污染水中的鎘接觸到農夫皮膚被吸收，或是蒸發後被吸入的健康風險都非常地高。

環境標準

1967年制定的「公害對策基本法」裡，基於「為了人體健康的保護和生活環境品質的保全，在本法裡訂定了達到以上目的所希望的環境標準。」這個原則，訂定了主要的環境標準。1969年日本政府開始制定大氣環境保護的相關標準，而1971年開始頒布水環境方面的相關基準，土壤環境保全的相關基準則在較晚的1991年開始才正式制定。這樣的立法過程，也反映出科學界對土壤中污染物質的掌握、曝露途徑和健康風險的知識其實很有限。

在中央政府制定土壤污染相關的環境標準之前，中央政府對土壤污染防制的工作主要處理農業用地的污染問題。由於日本自明治時代的足尾礦毒事件以來，發生了多處因銅或砷造成的土壤污染所導致的農業損失，因此在1970年制定了「農用地土壤對策法」，其中訂定了對妨礙農作物生長的銅和砷的土壤污染，應採取的因應對策和整治目標。依據此法律，對含有高濃度的銅和砷的農用地的污染整治作業才能逐步推行。

而對農作物裡鎘的標準，目前是以每公斤的糙米裡鎘含量不超過1mg為整治方案的目標值。原本法規是想直接訂定土壤中鎘濃度的標準值，但研究發現土壤中鎘濃度和糙米中的鎘濃度之間並沒有明確的關聯性，所以最後採用糙米中驗出的鎘的濃度做為基準。

為了人體安全考量，在建立土壤環境標準時，考量所有可能發生的曝露途徑，計算各種有害物質在不同的曝露途徑和曝露時間下，人體可能的吸收量，最後根據估算出每人每天的容許攝取量，設定法規的環境標準（請參閱第七章）。此外，參考以前既有的農用地對策基準，最後才制定出農用地的環境標準。

因此，目前和土壤污染有關的環境標準，考慮包括土壤的直接攝取、地下水飲用、食品（稻米）攝取的三種人類攝取途徑和植物生長妨礙，共計四種狀況（請參照**表4-2**）。

有關土壤污染中，氰、水銀與鉛等有害物質濃度的制定，目前考慮的原則是就算居民飲用污染土壤滲到的地下水，也不能對健康造成明顯損害，因此地下水水質環境標準採用自來水的環境標準（請參閱本書最後的附表一）。因此，目前的環境標準值，是以土壤內的有害物質會擴散到地下水這個較危險的條件來設計檢測方法。檢測的溶出試驗，是將土壤樣本與其10倍體積的水，一起振盪四至六小時，再靜置之後，將上澄液過濾，測定過濾後液體的有害物質濃度。

表4-2　關於土壤污染基準值的考慮原則

考量原則	土壤的直接攝取	地下水飲用	食品（稻米）攝取	植物生長妨礙
概要	對於在土壤上遊玩或是園藝活動中，可能無意識進入口中的土壤，不會造成健康問題的濃度	地下水內的溶出濃度必須在地下水環境標準以下	稻米中的濃度必須在食物安全標準以下	在農業用地，植物的根可及的範圍內不能達到影響植物生長的濃度
項目	戴奧辛類	鎘、六價鉻、氰、水銀（汞）、硒、鉛、砷、氟、硼，以及揮發性有機氯化合物及農藥等項目	鎘	銅、砷
基準值	土壤含有量	溶出液的濃度	糙米的含有量	農業用地（田）土壤的含有量

由於戴奧辛類的有毒物質不會溶於水，所以僅以土壤的直接攝取這個曝露途徑設定其環境標準（請參閱第七章）。

測量

土壤污染環境監測的做法，和一般水體水質與大氣的監測方式不同。

大氣和公共用水域的污染會在短時間內擴散、混合，因此在具代表性的監測點量測有害物質的濃度就能掌握大致的狀況。但土壤污染是有害物質長時間停留在同一個地區，因此必須事先設定可能的污染範圍，進行詳細的污染調查。

此外，就算發生土壤污染，也有可能不出現直接的人體或環境損害，因此也有可能長久都不會被察覺。例如第二次世界大戰前某研究機構曾發生汞化合物的洩露事件，在當地地底下一直存在著嚴重的土壤污染。戰後因研究機構被廢止，該地變成廢墟，後來數十年間，這個污染事件一直沒有被發覺。

此外，現實上還有一個困難點。若一疑似土壤污染的土地是私人所有的話，要進行環境監測，地主可能不會同意。因為如果真的發現土壤污染的事實，該土地的價格可能會大幅跌落。基於土壤污染有這些複雜的問題，為解決這些狀況，日本2002年制定的「土壤污染對策法」裡，提出可能的解決辦法。「水質污濁法」裡規定，特定設施若廢止時，土地所有者仍必須進行土地污染狀況調查，將結果向都道府縣知事（首長）提出報告的義務。此外，對於可能有土壤污染而有造成人體健康危害疑慮的土地，該土地的所有者也必須調查該地的土壤污染狀況，將結果向該地的知事報告。

因應對策

對於大氣污染或水質污濁的因應對策，通常是管制重點放在削減從污染源排出有害物質的總量和降低其濃度的對策。被污染的大氣和水，隨著時間經過會伴隨風和水流等環境介質擴散開來，因此很難對全體受污染的大氣和水體採取淨化的對策，但仍需採取一定的環境復育措施。

而在土壤污染的場合，由於發生源往往是一個固定的地點，如廢止的工廠，其數十年前被掩埋的廢棄物引起的土壤污染，因此發生源對策的意義較小。除了移除污染源（如前例中被掩埋的廢棄物）之外，重點的對策還包括後續受污染土壤的淨化處理，否則受污染的土壤就變成新的污染源，對附近環境持續造成影響。

土壤污染採取的對策，可分為(1)除去、淨化、分解污染物質及(2)隔絕、封存污染物質與其他受影響的人類或環境兩大類。

第一種淨化方法隨有害物質的種類和濃度的差異有許多選擇。對於水分含量很高的污染土壤，首先必須進行污染水的處理。然後，若以物理方法處理土壤內的有害物質的話，可以考慮土壤洗淨法，用溶劑（溶媒）或微粒子洗淨土壤；或是熱處理法，用高溫鍋爐，以高溫讓有害物質從土壤中揮發；或是真空抽氣法，以馬達製造真空狀態，把具揮發性的有害物質從土壤中萃取出來。至於化學方法的話，可以根據有害物質的特性添加不同的藥劑，使土壤內混雜的有害物質無害化。此外，也有利用微生物分解土壤內有機物的生物處理方法。

前面討論提到的封存隔絕法，主要適用於土壤內重金屬不具揮發性有害物質的處理方法。一般常使用的工法包括：利用水泥固化污染土壤，或是利用透水性非常低的水泥牆、塑膠製成的不透水布或是鋼板將污染土壤區域密封起來，與周遭環境隔絕。對於被封存的土壤污染場址必須注意不能讓人類輕易再接觸到內部的污染土壤，在地上也不宜再蓋任何構造物做建築使用。

對於農業用地的土壤污染，若是遭到銅和砷污染的話，整治目標為不讓農作物生長產生障礙；若是遭到鎘污染的話，整治目標是稻米的鎘含量在環境標準以下。在整治對策方面，一般常使用客土法和土壤交換法進行整治。客土法是在污染土壤表面覆蓋未受污染的土壤；土壤交換法則是將地表受污染土壤層與地下未受污染的乾淨土壤上下交換。在鎘污染的情形，以水稻的根和其吸水範圍不至於接觸到受污染土壤為原則，讓米不會被污染。

專欄 流行病學的因果關係：痛痛病的審判

流行病學是研究特定群體和某些疾病因果關係的一個領域。流行病學始於十九世紀，由英國的John Snow開始。當時倫敦霍亂大流行，Snow對井水用戶和霍亂罹病的因果關係進行調查，發現若停止使用井水的話，就可以遏止霍亂繼續傳染。這是霍亂弧菌發現前三十年的一大成果。

Snow雖然不清楚霍亂弧菌的存在，也不瞭解詳細的致病機制，但透過確定井水用戶和霍亂罹病的關聯性，即使不清楚確定的致病機制，仍成功地找到控制霍亂病情的方法。這也是確定使用井水和罹患霍亂這兩者的流行病學上的因果關係所致。

在日本富山縣婦中町的神通川流域，原本在地方上痛痛病因為病因不明，被認為是一種「奇病」。但經過詳細調查之後，發現：(1)痛痛病都是發生在神通川流域，使用河水做為灌溉用水的地區；(2)同水系的土壤、植物、魚類和患者的樣本與其他地區相較，鎘濃度都較高；(3)患者數目的增加幅度和神崗礦山的採礦量有正的相關性。由以上的觀察證實神崗礦山的營運和痛痛病應有流行病學上的因果關係存在。

1968年，痛痛病的患者集體向法院控告神崗礦山的所有者三井礦業，並請求損害賠償。但是，當時患者們對自己能否勝訴都抱著悲觀態度。當時傳統的法律解釋上，身為公害病患者的被告，必須將污染和罹病的因果關係，科學地一一證明，若無法發現被告者企業上行為過失的證據的話，就無法贏得審判。但即使現代，痛痛病的發病機制仍未被完全闡明，更何況要當時的患者去證明自己的疾病和採礦的因果關係。

1970年，最高裁判所（譯註：位階類似我國的最高法院）的民事法官表示，從審判應以救濟經濟上的弱者，在本案為痛痛病患者，這個角度進行，給了此新的法律解釋方向。亦即若企業活動和公害病有一定的因果關係被認定的話，應改由企業負有證明自己行為沒有過失的義務（無過失責任）。

1971年6月，富山縣地方法院做出「因為找不到其他可能導致痛痛病發生的原因，因此只能認定是因三井礦業的採礦行為所排出的鎘是造成痛痛病的發生的主因」這個重要判決。因流行病學的因果關係被認定，最後被害者全面勝訴。這個案件是即使發病的詳細科學機制沒辦法闡明，只要流行病學的因果關係成立，在法律上就是有效力的證據的第一個司法判例。

之後三重縣四日市的四日市氣喘病患者，也藉流行病學的因果關係認定，向該地造成大氣污染的石油工業區業者請求賠償，在1972年四日市法院也做出患者勝訴的判決。

Chapter 5

惡臭和噪音

引言

惡臭和噪音的損害，最初會帶來很強烈的不快感，因此也稱為感覺公害。日本每年約有10萬件污染陳情案件，其中三分之一以上都是和惡臭與噪音有關的陳情案。雖然媒體不甚重視相關案件，但對地方政府來說是很嚴重的生活環境問題。

在第五章裡，首先將介紹人體如何感受物理上的刺激強度。人對感受到的刺激和該現象的物理量並不一定呈單純的比例關係。若最初先接受強烈的刺激，之後就會變得對刺激的強度遲鈍。因此，對強烈的惡臭和噪音感覺不快的人，即使臭味和噪音有所改善，可能也沒有感覺，這也是解決感覺公害問題的困難點。

之後，本章也將會介紹惡臭和噪音是如何被評估，以及該採取什麼樣的對策解決這些問題。

»»» **關鍵字** »»»

感覺公害、Weber-Fechner定理、臭氣強度、官能實驗、分貝、等價噪音等級

感覺公害

只有因不快感造成的公害，稱為**感覺公害**，代表性的種類為惡臭和噪音。

噪音音量過大的話，會讓人聽力降低、注意力降低，甚至妨礙睡眠等症狀。這些症狀若長久累積的話，會對身心造成壓力和不良的影響，甚至可能引起其他的疾病。不過也不用過於擔心，一般日常生活環境中的味道和噪音應不至於對人體健康和生態系造成太大的影響，也不至於有長久累積的不良效果。

不過有些臭味和噪音，雖然不會有立即致命性的傷害，但多少會造成不舒服的感覺。日本地方政府一年約接到1萬數千件關於惡臭和噪音的公害檢舉陳情案件，在被檢舉的項目中，和大氣污染並列為最多的項目，因此地方政府花了很多心力解決這些問題，對地方政府而言是環境問題的重點之一。

感覺公害和大氣污染與水質污濁在問題的屬性及處理方式有許多不同。首先，不快感是很主觀的判斷，因人而異。例如愛抽菸的人很喜歡香菸的味道，但對於不抽菸的人來說，可能就會造成不快感；搖滾演唱會的音樂對會場內的樂迷來說是很享受的聲音，但對會場附近的居民來說可能就會對他們的居家生活產生干擾，甚至失眠。

此外，人對於刺激強度的感受並不一定隨量測到的物理量呈簡單的比例關係，也造成問題解決上的困難點。

以在劇場聽演唱會的情形為例，有些歌手不喜歡用麥克風，直接大聲歌唱。若歌手增加一、二個人的話，歌聲音量應該會變得稍強（大聲）；增加三、四個人的話，會再更強；增加五、六個人的話會再更大聲。但是隨人數增加幅度的不同，聽到聲音音量增強的感覺也會不一樣。所以，像從一個人增加為二個人，和從五十個人合唱增加到五十一個人合唱，這個差異對觀眾其實會有不一樣的感受。對觀眾來說，比起歌聲強度的變化，或許更有感受的是變化前所受刺激的強度。所以當一開始接受刺激的強度不大時，例如只有一個歌手的音量，變成二個歌手的音量時，刺激的增加就會有很大的感受；但若一開始的刺激就很大時，例如五十個歌手合唱的時候，那增為五十一個人合唱時，觀眾可能就感受不到第五十一個歌手音量所產生的刺激。

除了聲音以外，生活中也有不少類似的情形，例如在超市購物時，若一開始購物籃只放了一瓶牛奶，那若再放一瓶的話，可能會覺得增重不少；但若一開始先拿了十瓶牛奶的話，再多放一瓶，或許就不會覺得增加多少重量。但是有時也會有反效果，如俗諺說的壓倒駱駝的最後一根稻草。

如**圖5-1**所示，若某種刺激的物理量（C）從C_0變化到C的話，人對此刺激的感受（I）可能會呈現如**圖5-1**的關係。

請注意在**圖5-1**中，橫軸是定義為（C/C_0），並非一般的等間隔，C/C_0變為10倍的時候，縱軸的I才增加一個單位。這是使用對數軸的表示方法，並意指I與 C/C_0在對數狀態下呈現線性比例關係，這種規律性稱為Weber-Fechner定理。

在惡臭的情形裡，C可以指惡臭物質在大氣中的濃度；在噪音的狀況的話，C就可以是噪音的能量〔以聲音產生的壓力（音壓）表現〕。為容易讓讀者瞭解，**圖5-1**中C/C_0的值為1時，I設成1單位，但實際刺激和反應的關係不一定這麼單純，所以各種刺激和反應的關係若歸納成**圖5-1**的樣子的話，每種結果的關係曲線的斜率應會有所不同（**圖5-1**的斜率為1），甚至也不一定會依照對數線性比率關係存在。

在研擬感覺公害的對策時，刺激和反應的關係若依Weber-Fechner定理呈對數線性關係的話，為了控制刺激（C）的大小，實際上研擬對策時會造成一定的困難度。

若**圖5-1**的關係成立的話，將刺激的物理強度從1,000減到100（減為

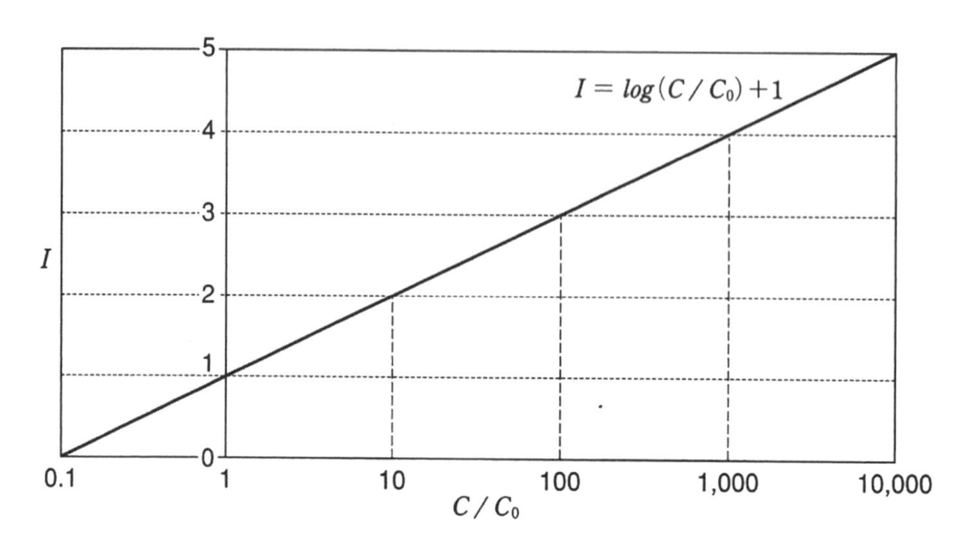

圖5-1　刺激的物理量〔刺激（C）從C_0變化到C的時候，感覺（I）的變化情形〕

十分之一），人對刺激的感覺僅從四單位降到三單位，亦即只減少了一單位，但若要再降一單位的話，刺激的物理強度得減成十單位，實際上這個過程所花費的成本可能就非常龐大。這也是感覺公害控制上最大的難題。

惡臭

臭氣強度

人鼻腔內的表面有許多黏膜存在。在黏膜裡有嗅覺的感覺細胞，表面有嗅覺受器（receptor），含有特殊的蛋白質，若和味道成分結合的話，會產生興奮的反應，傳到腦中，因此味覺得以被人體辨識。

味道的強度是以臭氣強度（I）為指標衡量。一般是在無臭室的一個小房間裡進行臭氣強度的測定，房間的內壁用不鏽鋼製成，可以防止味道的附著，也易於用水清洗。在不鏽鋼壁上有一小窗，臭氣強度測定的人在室外，將臉挨近小窗裡，聞取小房間裡的味道。而測定時所需要的味覺標準，則由專門的調香師負責。調香師依據不同香料的性質，調配一千種以上的標準味道，必須具有很準確的味覺判定的能力。

無臭室裡最初先充滿沒有味道的氣體，然後，再將有味道的判定物加入，此時判定者就依照**表5-1**的標準決定進行臭氣強度值。

臭氣強度可以用**圖5-1**的I表示，而刺激的物理量C就是相對應的味道濃度，因此我們可以用**圖5-1**所示的對數直線關係，利用無臭室中實驗得到的數據，將各種不同味道的直線估計出來。

惡臭的法規標準

在日本，「惡臭防止法」訂定了惡臭的相關法規標準，但此法並非適合日本全國。

例如「惡臭防止法」就沒有嚴格限制工業區的惡臭問題。理由是因為從工廠窗戶洩漏到周邊附近的味道，對工廠的作業員來說是理所當然會有的，而且在工業區裡，一般只有工作的人會出入，不會有一般居民居住在此，因此認為沒有訂定嚴格標準的必要。

此外，人對於味道而引發的不快感也會受某些地理因素影響。例如

表5-1　臭氣強度

臭氣強度（I）	表現
0	無臭
1	非常地弱〔勉強可感覺到的檢測上極限（閾值濃度）〕
2	弱〔大概可以知道是什麼味道，認知上的極限（閾值濃度）〕
3	容易感覺得到
4	強
5	非常地強

海邊的居民長年習慣生活中充滿魚和海草的味道，因此對他們來說，是一種故鄉的感覺。所以在這樣的情形下，就沒有對魚的味道有特別限制的必要；但相對的，一般生活中沒接觸到海鮮的人，可能會對魚腥味很敏感，常常接到臭味檢舉的地方就有訂定標準的必要。

由於對於惡臭限制的必要性因地域而異，因此在日本相關規則是由都道府縣的地方首長決定。

就算是在需要規範的行政區域裡，對於不同惡臭相關濃度標準的決定也會有很大的地域差別。因此，也需要地方首長（知事）對個別地方的需要訂定必要的管制濃度標準。

而在管制區域內的臭味違規處分是以兩階段方式處理，就算超過惡臭濃度標準，第一次時也不會直接處罰。首先，在某個地方第一次發生違規情形時，市町村長會對污染者提出改善勸告，若污染者仍未改善的話，會繼續提出改善命令，此為第一階段。如果污染者接到改善命令後還是沒有改善的話，市町村長就會依照罰則處罰。而在地方行政實務裡，在一般的狀況下，地方行政人員在改善勸告發布前，就會和污染者溝通，請污染者自行改善污染狀況。

管制標準

惡臭的管制標準依以下的程序決定。

首先，中央政府主管單位（環境省）會依民眾陳情的狀況決定含有大量惡臭的惡臭物質。目前有二十二種物質被環境省指定為惡臭物質。其次，在無臭室中進行實驗，定量出這些惡臭物質的大氣濃度和臭氣強度間的關係，估算出臭氣強度（I）為2.5和3.5時的濃度值。由於惡臭物質的大氣濃度和臭氣強度關係式在先前的步驟中確定，所以儘管臭氣強度的定義是從0到5的整數值，但仍若將某個現場測得的濃度值代入關係式，則可能算出非整數的臭氣強度。

表5-2節錄目前日本環境省指定的二十二種惡臭物質裡面其中九個惡臭物質的大氣濃度和臭氣強度的關係式。

地方政府首長（知事）應根據地方民眾的意見，對可能產生惡臭的物質訂定管制標準。管制標準上限可參考臭氣強度2.5到3.5相對應的濃度制定。

規範地區內若發生民眾檢舉的事件的話，市町村相關單位應於惡臭發生源其私人財產土地的邊界處，採樣空氣樣本，量測惡臭物質的大氣濃度，若超過管制標準的話，則對污染者發出改善勸告。

表5-2　主要惡臭物質臭氣強度別濃度　（濃度單位：ppm）

物質	臭氣強度別濃度			味道	主要發生源
	2.5	3	3.5		
氨（NH_3）	1	2	5	類似糞尿味	畜產工廠、化學工廠、污水處理廠等
甲基硫醇（CH_4S）	0.002	0.004	0.01	類似洋蔥腐敗味	木漿製造工廠、化學工廠、污水處理廠等
三甲胺（C_3H_9N）	0.005	0.02	0.07	類似魚的腐敗味	畜產工廠、化學工廠、海鮮罐頭工廠等
丁醛（C_4H_8O）	0.009	0.03	0.08	刺激的酸甜焦味	油漆工廠、油漆作業場所、汽車烤漆工廠等
戊醛（$C_5H_{10}O$）	0.003	0.006	0.01	讓人作嘔的酸甜焦味	油漆工廠、油漆作業場、汽車烤漆工廠等
異丁醇（$C_4H_{10}O$）	0.9	4	20	刺激的發酵味	油漆工廠、油漆作業場等
甲苯（C_7H_8或 $C_6H_5CH_3$）	10	30	60	類似汽油味	油漆工廠、油漆作業場等
丙酸（CH_3CH_2COOH）	0.03	0.07	0.2	刺激的酸味	脂肪酸生產工廠、染織廠等
3-甲基丁酸（$C_5H_{10}O_2$）	0.001	0.004	0.01	類似汗臭	畜產工廠、化學工廠等

資料來源：惡臭法令研究會（1999）。

濃度標準與官能試驗

「惡臭防止法」在1971年剛開始制定的時候，僅將氨與甲基硫醇等五種物質指定為惡臭物質進行管制。這是因為在當時主要被檢舉的對象大多為大量排放此五種物質的木漿工廠、畜產工廠、污水處理廠、食品加工場、肥料與飼料工廠。而中央的環境省再依現實狀況逐漸追加應管制惡臭物質的種類至現在的二十二種。

但另一方面，也有東京都等地方政府認為環境省在法令制定時沒有完整指定惡臭物質的批評。此外，還有一個重要的課題存在，即是惡臭物質的加乘效果。若有兩個以上的惡臭物質同時存在，即使各別惡臭物質的濃度都很低時，也有可能提升彼此的臭氣強度（不快感），因此會造成各別量測的濃度換算出的臭氣強度這樣的管制標準架構失效。若相乘效果存在話，針對各別惡臭物質訂定的標準就不足以解決現實發生的問題。

而還有另外一個值得探討的問題，有味道的物質之間，除了加乘效果外，其實也存在相互的覆蓋效果（masking）。例如大家常在汽車或廁所等密閉空間裡放置芳香劑，讓香味把異味壓過，就是這樣的想法。目前新的科學研究的成果也提供味道的加乘效果與覆蓋效果的證據。

根據上述的意見，1995年日本當時的環境廳（現環境省）改良早期個別濃度管制的缺點，將人真正的味覺感受過程的官能試驗納入惡臭的量測方法裡，開發出三點比較式臭袋法（譯註：在我國稱為三點比較式嗅袋法）

在這個量測方法中，需要6位以上的判定人員，決定臭味是否存在。每個判定者會分到三個塑膠製的臭袋，其中一個會填充要判定臭味的樣本，而其餘兩個填充無臭的氣體。之後，判定者會聞每個臭袋內的氣體，選出一個是該判定者覺得是臭味樣本的袋子。若答對的話，就將樣本稀釋，再依一樣的方式進行判定。操作程序如**圖5-2**所示。

實驗會在判定者猜錯有樣本含入的袋子時終止，記錄此時的稀釋倍數。之後，依所有判定者的結果算出平均的臭氣濃度。然後，再從臭氣濃

圖5-2　三點比較式臭袋法

度的對數值，反推出臭氣指數，法規標準就是依照此臭氣指數制定。

三點比較式臭袋法的優點包括只要利用簡單的器材就能進行，而且也能判定比惡臭物質的濃度比法規標準還低的臭味。但缺點也有為了讓判定者能進行客觀地判定，需要一定的休息時間，並可能需要不斷重複稀釋、充袋、判定的程序，因此需要長的實驗時間。此外，一次實驗需要6位判定員，也需要不低的人事費，結果一個樣本的分析費會較機器分析惡臭物質濃度的成本還高。

由於物質濃度測定和官能試驗各有優缺點，因此在實務上可以互相交互運用或一起使用。

防治技術

原本在密閉空間裡的惡臭物質，就算慢慢排放到空間以外，感覺到的臭氣強度不會迅速地減少。因此降低臭氣強度的對策最重要的方法是減少味道的發生源。

通常惡臭物質排放源的工廠為防止味道散出，作業場所建築物會儘量保持密閉空間的狀態，並讓內部的大氣壓力略低於建築物外的大氣壓力（即負壓的狀態）。這樣的話，就算有室內外空氣有流通的機會的話，也可以儘量減少味道散出。

但是對於畜產業來說，豬舍、雞舍等農舍若通風不良的話，會影響牲畜的健康，因此很難不讓建築物內外空氣流通，所以必須讓臭味儘量不要產生。一種非常有效的方法，是在牛舍、豬舍等農舍的地板上鋪設木屑、麥桿或稻桿，並經常替換。若在豬舍的地板上放一個排水板的話，因為豬喜歡乾淨，一般會選擇在上面排泄。這樣的話，排出來的尿不會累積在地板上，可以流到地板邊緣的集水溝排出，可以有效降低惡臭產生的可能性。

家畜的糞尿等污水處理設施也是主要的惡臭發生源之一。若進行家畜糞尿堆肥時，堆肥發酵時會產生大量包括氨等惡臭物質。這種情形通常會使用一種生物學的土壤脫臭法處理。如**圖5-3**所示，堆肥小屋內的空氣會被抽氣馬達引導到土壤中的導氣管，在導氣管的管壁有許多小孔，因此含有惡臭的空氣會慢慢流到土壤中，一部分會被土壤粒子吸著住，一部分會被土壤裡的微生物分解。使用土壤脫臭法的話，由於需要藉由微生物分解臭味，所以如果土壤過於乾燥的話，會不利於微生物的存活，因此必須經常灑水讓土壤保持一定的濕度。

即使畜產業做了許多的努力，但附近的居民仍然常常為家畜產生的味道而困擾而向地方政府陳情。另外，都市化造成人口密度增加也是陳情案變多的原因之一。以前人口密度較低，住宅區和家畜農舍相隔較遠，所以居民因惡臭而造成的問題較少。但現代因都市擴張，許多農業地區附近也出現許多住宅公寓，而移住進來的新住民對惡臭問題可能較不適應而產生困擾。

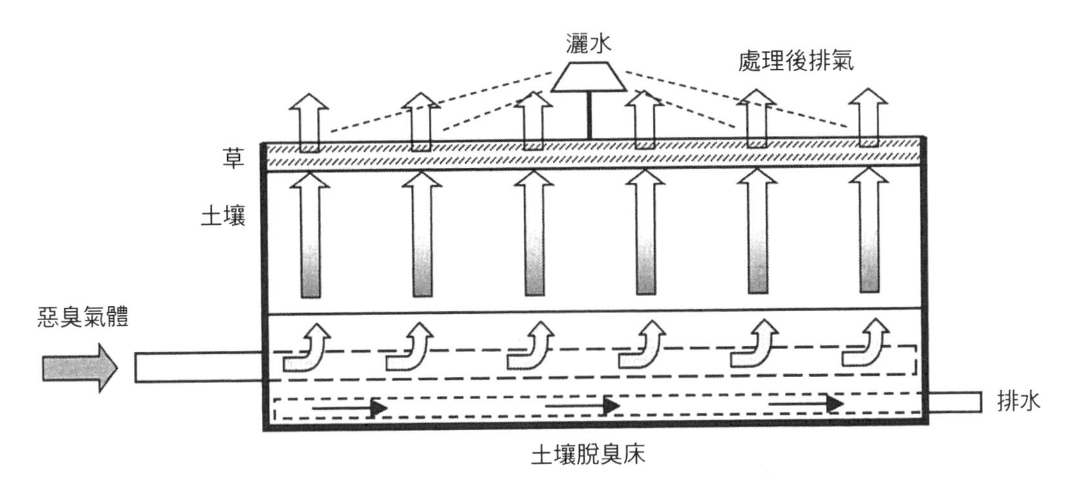

圖5-3　土壤脫臭法處理過程的示意圖

惡臭的處理方法除了土壤脫臭法之外，還有許多的選擇。

例如在處理一般家庭垃圾為主的焚化爐是利用燃燒分解惡臭物質（請參照第六章）。被垃圾車收集的垃圾，運到焚化爐後，會暫時貯存在垃圾貯坑之中，之後利用抓斗將垃圾分批送進燃燒室內焚化。由於垃圾貯坑充滿強烈的惡臭，因此必須設計為密閉空間，並維持負壓，以防惡臭外洩。在垃圾被送進燃燒室焚化時，貯坑內的空氣也會被送進燃燒室裡一起焚化。由於燃燒室內的溫度高達800℃以上，所以惡臭物質可以被燒掉。

另外一種處理惡臭的方法為利用臭氧的高氧化力，將惡臭物質氧化分解。這種方式常見於餐廳或小吃店，店家會利用小型的臭氧脫臭裝置，利用濃度不高，不會對人體造程危害的臭氧將室內的臭味分解。

而家庭裡的冰箱中，常利用活性碳或精油等吸附惡臭物質進行除臭。由於活性碳、煤或椰子殼碎渣被加熱後在其表面會形成無數的微細孔穴，因此惡臭物質會被卡在這些孔穴中而從空氣中移除。如第三章與第四章所介紹的，這個方法也常被用在去除大氣污染物質和水質污濁物質。

噪音

音壓

聲音是空氣裡存在的一種波。波又分為縱波與橫波（如圖5-4所示）。

一般人對「波」的印象，可能直接聯想到的是水面的波。水面的波是橫波的一種，是往水平方向前進的波，但水的分子只是上下震動，並不會往水平方向移動。因此，若水面上有樹葉的話，我們通常可以觀察到樹葉會在水面上下振動，但除非有水流，不然樹葉不會隨著波的前進方向移動。

聲音是一種縱波，意指空氣的分子會隨著波（聲音）進行的方向而在同方向振動。在這個狀況，藉著空氣分子僅在同一個地方震動，並不會隨著波的前進方向移動。在有風的情形才會一起移動。

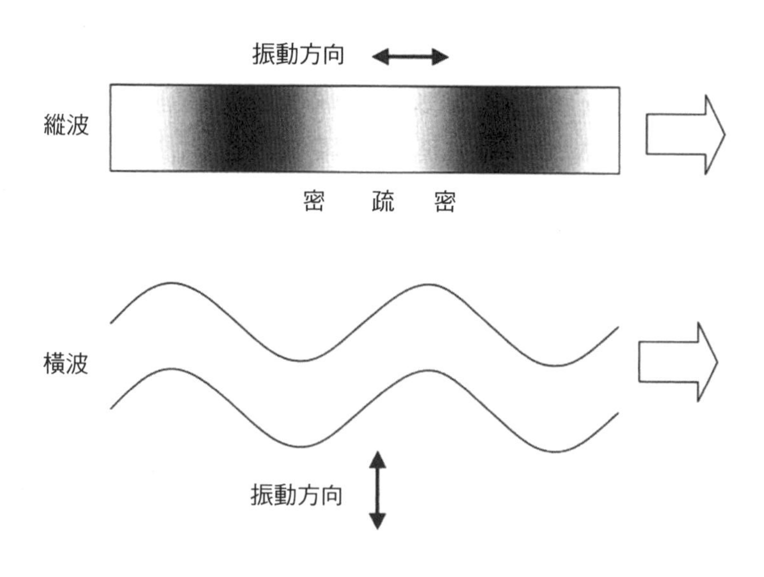

圖5-4　縱波與橫波的示意圖

用打鼓為例會比較容易瞭解波的意涵。在打鼓的時候，鼓敲下去的時候，鼓面的中央會凹下去，之後又回彈回平面狀態，再相反變成凸出的狀態，反覆進行。因此，鼓面中央附近的空氣會隨鼓面反覆地膨脹、壓縮，因而將音波傳出去。因鼓面被壓縮的空氣，其氣壓會較旁邊的空氣氣壓稍高，而因被拉扯而膨脹的空氣的氣壓會比較低。我們聽到的聲音，其實就是藉由反覆地氣壓變化而在空氣中傳播的現象。氣壓的變化若傳進耳中，耳朵內的鼓膜也會像打鼓一樣震動，所以我們就會像聽到「打鼓的聲音」，這時候的氣壓變化稱為**音壓**。

壓力的物理量一般是用Pa（Pascal）表示。人類可以聽到分辨出的音壓約在2×10^{-5} Pa到20Pa之間。若音壓超過20Pa的話，就算時間很短也會導致聽覺障礙。1大氣壓約為10萬Pa（1013hPa＝10萬1,300Pa），人類可分辨出的音壓約只是1大氣壓的五十億分之一到五千分之一程度的區間，非常細微的壓力變化。

在1秒中之內，波的傳遞介質（如空氣或水等）壓縮和膨脹重覆發生的次數，我們稱為頻率（振動數）。頻率愈大的聲音聽起來會愈高。頻率的單位通常以赫茲（Hz）表示，1秒內振動1次的波頻率為1Hz。同樣頻率的聲音，音壓愈大的聽起來會愈強。音壓程度（I）是用來表示人所感受到音的強度。音壓位準（sound pressure level）和音壓（S）之間的關係也存在**圖5-1**所介紹的Weber-Fechner定理。

若在某個頻率，假設人可以聽到最弱的聲音，其能量（音壓S的能量）為E_0的話，人所感受到的強度（I）的音壓位準Lp〔單位為分貝（dB）〕和E_0的關係如**表5-3**所示。由**表5-3**可以推論，若傳到耳朵裡面的音壓的能量增為10倍的話，音壓位準（人所感受到聲音的強度）會增加10dB。

所以若從喇叭聽到的聲音的強度（音壓位準）增加10dB的話，喇叭放出聲音的能量必須增為10倍才行。同樣的道理，音壓位準若要增加20 dB的話，能量必須增為100倍才行。反而言之，若音壓位準減少10dB的話，能量減少為十分之一；減少20dB的話，是減為百分之一。

表5-3　音壓位準和音壓能量的關係

音壓位準（Lp dB）	音壓能量（E_0）
0	E_0
10	10 E_0
20	100 E_0
30	1,000 E_0
40	10,000 E_0

等價音壓位準

人有容易聽到和不容易聽到的聲音。**圖5-5**顯示頻率和聲音可以聽到的程度之關係。人雖然可以聽到約20至2萬Hz的聲音，但是若聲音的頻率超過2,000Hz的話，就很不容易辨識。

以聽合唱的狀況為例，負責低音的男性聲音，就算音量較小但也聽得到，但這並非意味低音的歌手唱得比較小聲。用同樣的能量唱的話，低音的頻率會較中音與高音低，人的耳朵會覺得聽起來比較小聲。

因為人的聽覺的敏感度會隨聲音的頻率而異，因此不能直接使用為噪音強度的指標。因此，技術上會採用較接近「煩躁」感的指標。因此在噪音的指標上，選擇使用一個加權過後的噪音音壓位準（L_A），根據**圖5-5**所示，頻率較高與較低的音壓位準會使用較平常聽得到的中頻率聲音為低的權重，再綜合加總算出L_A，這也是目前噪音計上表示的數值。其單位dB，但是在表示時會是 dBA或 dB(A)，再最後多加一個A。以前的表示方法會使用一個叫「phon [fon]」的單位，「phon」就等同現在的dBA，但現在已經沒有使用。

儘管如此，因為噪音的強度會隨時間變動，只用噪音音壓位準仍不能充分反映噪音的嚴重程度。因此，1999年開始，噪音的環境標準使用一定時間內的噪音的能量的平均值，稱為**等價音壓位準**（L_{eq}）。等價音壓位準就能反映隨時間變化，噪音對人的身心影響。**圖5-6**是等價音壓位準的示意圖。

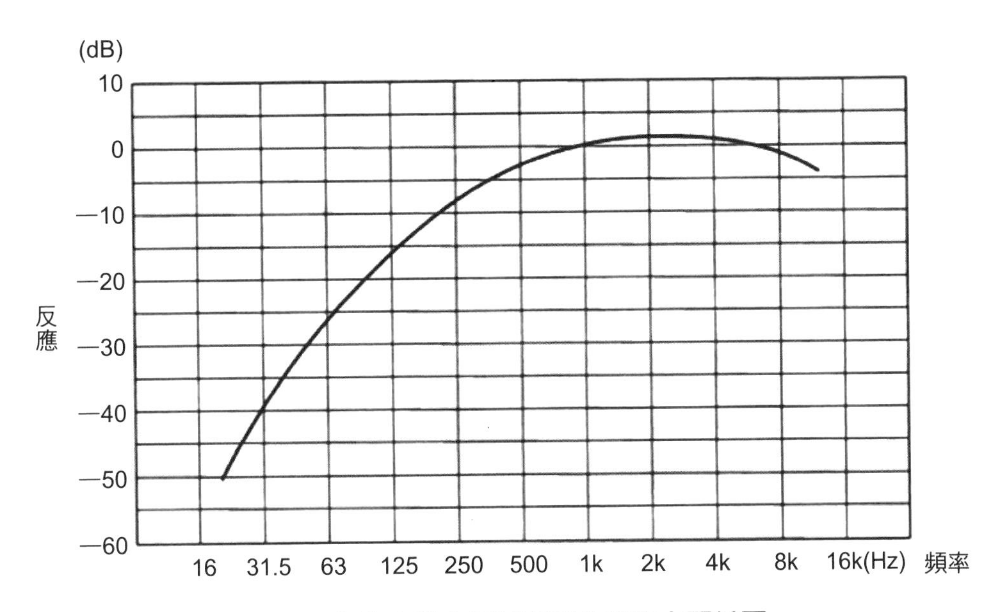

圖5-5　頻率和聲音可以聽到的程度之關係圖

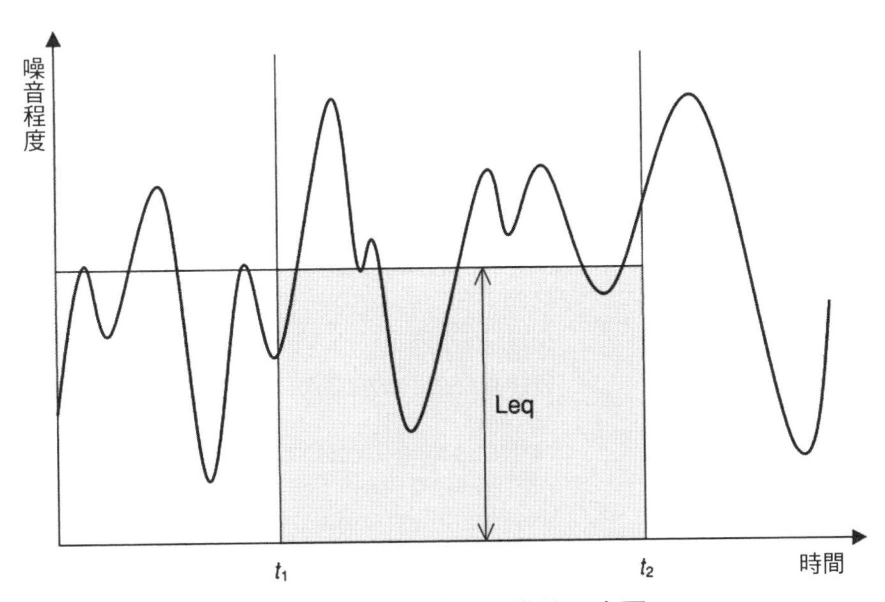

圖5-6　等價音壓位準的示意圖

註：t_1與t_2之間的噪音程度曲線以下，與水平時間軸所包括區域的面積，會等同圖中灰色長方形（高為Leq）的面積。

日常生活裡的噪音狀況大概如**表5-4**所示。

噪音音壓位準若增加10dB的話，聲音的能量會增為10倍，所以雖然吵雜的街道的70dB和地下鐵車內80dB數字上只差了10dB，但後者能量卻是前者的10倍之大。所以平常安靜的辦公室和卡拉OK店若差了40dB的話，那能量就差了1萬倍。

在日本，針對一般地區、道路鄰接地區、飛機噪音、鐵路噪音等設有各自不同的噪音標準（請參照本書最後的附表二）。

在一般地區裡，由於有療養設施等需要安靜環境的場所，所以更細分為需要靜穩定區、商業地區與工業地區三種地區的不同噪音標準；在不同地區裡也設有日間、夜間兩種不同等級的噪音標準。需要靜穩地區的夜間標準為40dB以下，日間的商、工地區則限制在60dB以下。在2005年，約有70至80%的噪音監測點的監測結果符合環境標準。

在幹線道路或新幹線的沿線，分別設有道路鄰接地區和鐵路噪音的環境標準。道路鄰接地區設有比一般地區寬鬆的55至70dB的日間噪音標準，鐵路噪音地區則設為鐵路通過時的噪音數據較高的一半的平均值不得高於70至75dB。未來這兩類地區的噪音標準都希望能降低到和一般區域接近，以維護環境安寧，但基於現實考量而設定目前的標準。

表5-4　噪音的例子（以靜岡縣濱松市的狀況為例）

噪音音壓位準（單位：dB）	例子
120	飛機引擎附近
110	汽車喇叭聲（前方2公尺處）
100	鐵路高架橋下方
90	卡拉OK的店內、吵雜的工廠中
80	地下鐵、電車的車內；鋼琴（前方1公尺處）
70	吵雜的街道、吵雜的辦公室裡
60	安靜的小汽車裡、普通的交談聲
50	安靜的辦公室裡
40	安靜的住宅區（日間）、圖書館裡
30	郊外地區（深夜）、私下交談聲
20	時鐘的秒針聲（前方1公尺處）

考量機場附近區域的特殊性，日本2013年以前對機場附近區域設計的環境標準比較特殊，以前使用一個專門訂定的加權等價平均感覺噪音音壓位準（WECPNL），做為機場附近區域的噪音評價指標。不快感不僅考慮發生次數和噪音的大小，也考慮了時間帶不同的需求。WECPNL將一天分成日間、傍晚與夜間三個時間帶。不同的時間帶內，將飛機的飛行次數乘以不同的加權（日間為1、傍晚為3、夜間為10），再加上最大噪音音壓位準的平均值計算。在噪音影響大的夜間給予較高的權重。

WECPNL在1970年代後半研擬，當時只有類比式的噪音計。之後隨著儀器技術的進步，飛機噪音的噪音音壓位準量測也變得更容易，現在世界各國大致都採用等價噪音音壓位準這個指標。而日本在2013年廢止WEPCNL的標準，改為採用依時間帶修正的等價噪音音壓位準為新的噪音環境標準的指標。

因應對策

噪音可視為對「安靜環境」的一種污染，但和一般重金屬等污染物質不同，是一種音波的物理現象的污染。因此，在對策上也必須使用物理學的方法。具體地說，就是讓噪音音源減少，以及在音源和生活者之間裝設隔音設備，讓音源和生活空間隔絕，特別是在噪音較敏感的夜間時需要特別注意。

在日本的「都市計畫法」裡，都市計畫區域裡的土地利用分為住宅區、商業區、工業區等類型。「建築基準法」中，原則上也不允許「都市計畫法」規定的住宅區內新設工廠。藉由這類的制度設計，在空間上可以有效讓一般人的生活空間和噪音的發生設施隔離。

對於工廠噪音和建築工地噪音，日本於「噪音規制法」中明定相關的環境標準。和「惡臭防止法」一樣，是由都道府縣等地方行政首長（知事）規定受管制地區的相關管理辦法。業者在超過其土地範圍之外

（以土地範圍測到的數值為基準），不得從事超過噪音管制標準的行為。因此業者必須積極進行機械的低噪音化管理，設計密閉、隔音、吸音的設備，儘量將噪音發生設備設置在離工廠邊界遠的地方，並進行作業時間的管理，避免在夜間進行吵雜的作業。

在道路噪音方面，音源一般包括汽車的行走、加速與排氣時產生的噪音及輪胎和路面的摩擦聲。日本的「噪音規制法」於1971年開始訂有汽車造成的噪音的相關標準。由於機電技術的進步，與早期的標準比較，現在汽車的噪音量最大約削減了84%。而其他的管理對策包括禁止大型車行駛中央車道、進行汽車車流量分流管理等；硬體方面則加強了高機能路面的鋪裝、在必要地區設計隔音牆與緩衝的綠地等。對於新幹線也特別加強減低車輛噪音與設置隔音牆和使用吸音材料等措施。

對於飛機噪音的管理對策上，目前在羽田（東京）、伊丹（大阪）、福岡等十四個主要的機場與自衛隊專用的機場附近的學校、醫院、住宅區等地特別加強設置隔音的工程，設計緩衝的公園等綠色地帶，若需要遷移的時候也進行補償，甚至也提供被影響地區電視費的補助等生活援助。

鄰近噪音

日本全國在2006年內接受的噪音陳情案件約有1萬6,692件。其中最多的是對建築噪音的陳情案，約占總數的三分之一，其次是製造業噪音的陳情案，約有2,591件。工廠噪音和建築噪音目前也是「噪音規制法」的管制對象。

其他方面，對營業噪音、擴音機噪音等生活噪音的陳情案也占了約四分之一，特別是針對卡拉OK、商店的擴音機與深夜營夜的居酒屋產生的噪音的陳情案。目前這些還沒有被納入「噪音規制法」中，但大部分地方政府都有針對這些行業制定自治的管理條例。只是像擴音器這種使用上很自由的噪音源，若要嚴格取締時，在實務的證據搜集上非常困難，很難產生有效的管制效果。另外，有些地方政府雖然對擴音器噪音訂有管制標準，但考量現實狀況後，並沒有選舉活動納入管制活動的範圍裡。

另外一般家庭噪音的陳情案也有1,810件，但是一般家庭也沒有在管制對象內，日本社會認為是個別家庭的公德心意識管理的問題，警察或町內會進行道德性勸告。另外較令人感興趣的是，怎樣的行為會讓鄰居覺得是噪音的意識問題，有些聲音可能雖然很大聲，但是社會默許的行為也說不定。**圖5-7**是早期神奈川縣川崎市向一般家庭，對生活噪音的看法，進行的一個問卷調查結果。結果顯示，平均來說，家庭不會把電視、洗衣機或鋼琴的聲音當成嚴重的噪音，但對汽車引擎啟動聲或空轉聲會感到困擾。

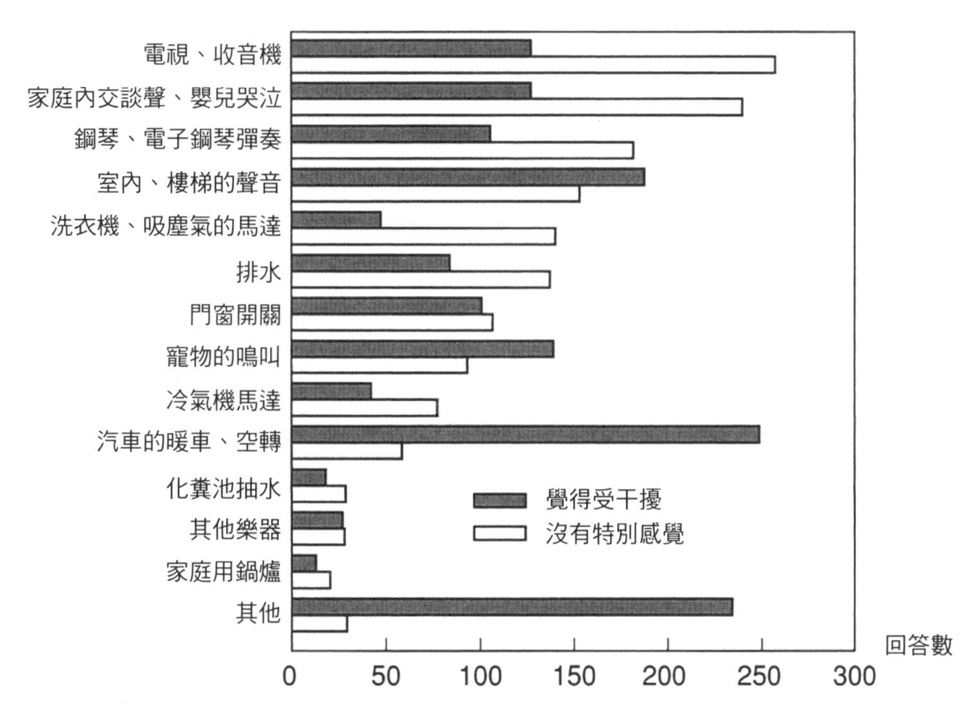

圖 5-7　生活噪音意識的差異（1985年，神奈川縣川崎市）

生活上的公害陳情

日本中央政府裡的公害等調整委員會從1972年開始，就一直統整日本全國各地方政府，從都道府縣到市町村的公害陳情資料。根據該會的統計，公害陳情的件數有逐年增加的趨勢。1970年代後半開始到1990年代後半為止，全日本每年約有6至7萬件的公害陳情案；但從2003年以後，每年都超過10萬件，2006年則有9萬7,713件。一個重要的原因是，在陳情的事由中，未被列入七大公害（即大氣污染、水質污濁、土壤污染、噪音、振動、惡臭與地層下陷）的「其他項目」的環境污染的陳情案件數的增加，從1970年代的每年1萬件以下，劇增到2001年以後的每年2萬7,000件以上（如**圖5-8**所示）。

2006年度陳情案的發生原因，最多是對個人造成的噪音的陳情，有2萬7,957件。其次主要的陳情對象包括建設業噪音（1萬4,512件）與製造業噪音（1萬587件）。在對個人檢舉的陳情案中，最多的是大氣污染（幾乎都是露天燃燒）的9,960件，其次是廢棄物非法丟棄的3,800件及惡臭的3,724件。改善民眾在大氣污染、惡臭及廢棄物的非法棄置等行為的環境教育是一個重要的方向。

在公害被害者的困擾方面，有71.1%是有「感覺、心理」上的被害困擾。此外，有五成以上的公害陳情案的受害者是4戶以下規模的公害事件，包括被害戶數為1戶的公害陳情案也占44.1%。由此可觀察到小規模心理感受的生活型公害是目前民眾生活一大困擾，這個原因也和大家的公德心意識有很大關係。由於這類生活型公害並不完全受法規強力管制，因此地方政府宜提早對相關問題研擬對策以提升民眾的生活品質與居住環境品質。

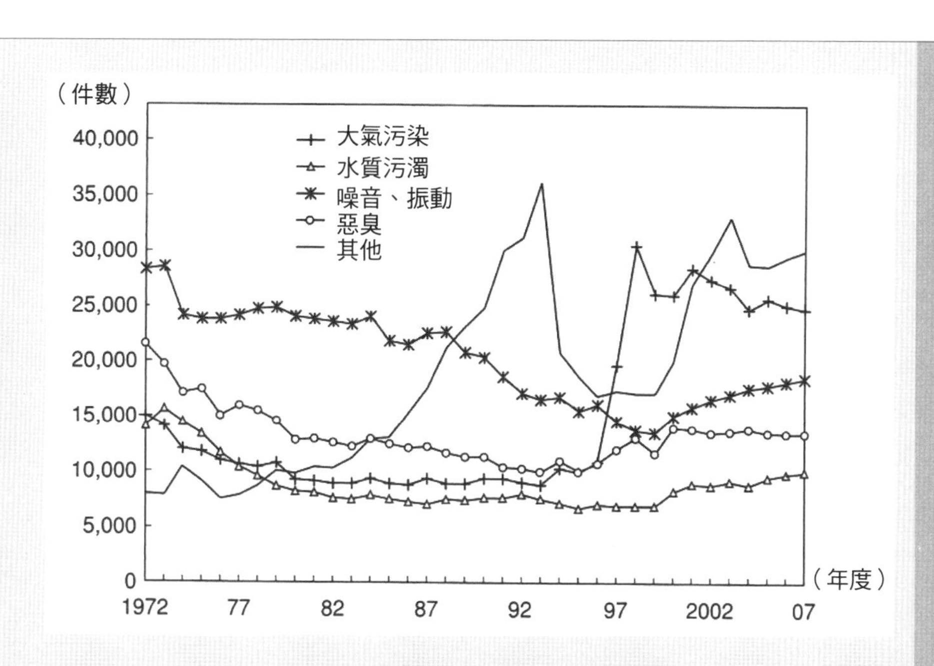

圖5-8　主要公害陳情件數的趨勢

資料來源：作者根據公害等調整委員會網頁整理製圖。

Chapter 6

廢棄物與資源回收

引言

為了理解廢棄的處理方法與資源回收的相關問題，首先必須瞭解廢棄物是如何被定義及回收的動機為何，而相關的法律制度及社會全體的配合也是非常重要。

在日本現行的廢棄物法律中，若某個東西失去了它的經濟價值，無論再怎麼乾淨漂亮還是會被視為廢棄物。因為沒有經濟價值，所以失去存在和回收的必要性。而同時廢棄物法律也規範不得隨意進行廢棄物處理，並盡力推動廢棄物裡的資源回收。

在第六章裡，將介紹日本廢棄物的定義、廢棄物的適當處理方法、回收的種類與利用經濟方法促進廢棄物的適當處理及回收。

»»» 關鍵字 »»»

逆有償、一般廢棄物、事業廢棄物、廢棄物掩埋場、回收法

廢棄物處理法

垃圾處理的歷史

日本人從以前開始就一直使用掩埋的方法處理垃圾。在日本不少都市中被指定為文化資產的貝塚，其實就是以前的垃圾掩埋場。若想瞭解當時生活的情形，挖出裡面的垃圾或許可一窺端倪。

江戶時代（1603至1868年）被認為是「循環型社會」的最佳典範。都市地區近郊的農家收集從都市裡排放出的糞尿與廚餘，當作肥料施放於農地。但垃圾與糞尿等的回收仍然並非十分完善，沒有被充分利用的垃圾還是會被丟棄在都市裡的空地、河川或排水溝裡。甚至，由於非法丟棄垃圾不斷發生，官方也曾發出禁止任意丟棄的通知。

1655年（明曆元年），江戶幕府政府將深川永代浦（譯註：現在的東京都江東區）指定為垃圾丟棄的集中場所。在江戶時期共設置了十個垃圾丟棄場，總共掩埋的面積約為125 公頃（ha）。

在明治時代（1868至1912年）初期，都市發生霍亂大流行，糞尿第一次被正式認定為是必須完善處理的污物問題。內務省訂定出廁所、糞尿與垃圾貯存容器的標準規格及清掃辦法之告示。1900年官方制定了「污物掃除法」，規定市町村負有垃圾清掃的義務。從公共衛生的觀點著眼，該法也提出了「可能的話，盡量將垃圾燒掉」這個原則。從這個時候開始，垃圾焚化就變成日本主要的生活垃圾處理方法。但是當時焚化的技術並不成熟，市町村花了很多的心力從事昂貴的焚化爐建設。

進入第二次世界大戰的時期，流入都市的人口劇增，垃圾和糞尿的產生量也大幅增加。而同時化學肥料也漸漸普及，利用糞尿做為肥料的需求急速地減少。垃圾和糞尿的處理也開始採取海洋丟棄和掩埋的方式。垃圾掩埋場裡面蚊蠅滋生，衛生狀況非常的差。

到了戰後的1954年，以「提升公共衛生品質，衛生地處理污物，以及清潔生活環境」為目的的「清掃法」被制定。「清掃法」將市町村定位為清掃事業的實施主體，並提出垃圾處理的完整體制。

之後，日本進入了經濟的高度成長期，公害污染也愈來愈嚴重。政府於1970年由「公害國會」制定通過十四個關於公害污染防制的法律。其中之一，就是「關於廢棄物的處理及清掃的法律（廢棄物處理法）」，這是日本第一次將事業廢棄物（日文：產業廃棄物）特別定義出來。事業廢棄物係指隨產業活動產生的廢棄物，法律規定廠商等業者負有處理的責任。之後，廢棄物處理法經常隨實際需要而修訂，目前是日本關於廢棄物與回收的相關工作最重要的基本法律之一。

廢棄物的定義

日本「廢棄物處理法」在第2條第1項裡將廢棄物定義為「固體或液體的污物或不要的物品」。

但是「不要的物品」的意義不是那麼容易清楚決定，因此於1971年厚生省（譯註：類似我國的衛生主管部會）又提出「廢棄物的處理及清掃相關法律運用時的注意事項」，補充說明「廢棄物是該物的所有者無法再使用，也無法再將該物品有償賣給其他人，而成為不要的物品。若不符合這兩個條件的話，則所有者依據物品的性質，綜合判斷該物品在丟棄時是否符合客觀上廢棄物的概念。」依照上面的說明，某個物品是不是廢棄物，主要是照是否能有償賣出來判斷。

例如**圖6-1**中，A先生將1台中古電腦賣給B先生。那在這個過程中，中古電腦是當做1萬元的有價物被有償交易，不是廢棄物。但是若A先生付出1萬元請B先生拿走（處理）這台中古電腦的話，那這個交易就變成逆有償的交易，中古電腦在這裡就變成是負的價值。這樣不管這台中古電腦還是多乾淨或還可以使用，都是被當成廢棄物。而若B先生是專門從事

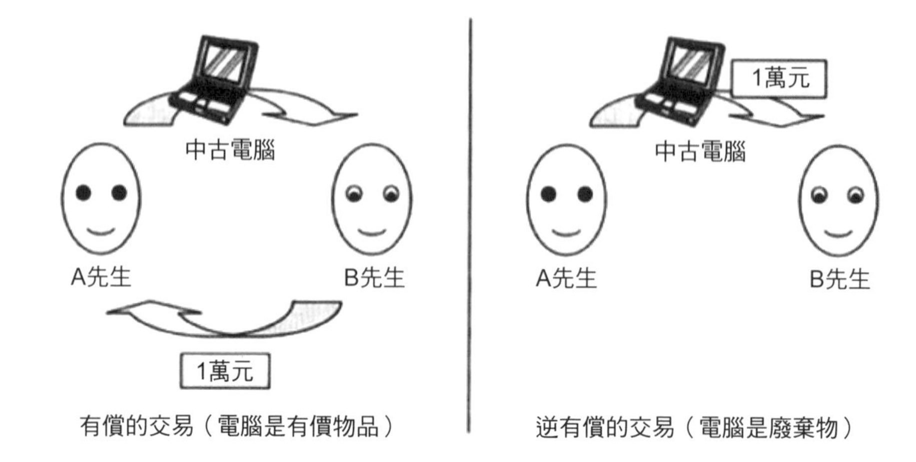

圖6-1　有償與逆有償的交易的概念圖

收費的廢棄物處理行業的話，B先生必須從市町村長取得「一般廢棄物處理業者」的許可（資格）。

在一開始的例子中，若B先生將花錢買來的中古電腦再轉賣給第三者獲取利益的話，這種情形不需要廢棄物許可的資格，而是需要從公安委員會取得「古物商」的許可。

分類

圖6-2為日本的廢棄物在法律上的分類。首先將輻射性廢棄物與非輻射性廢棄物分開。在日本輻射性廢棄物的相關規定是由「核原料物質、核燃料物質及原子爐的規制的相關法律」裡明訂。廢棄物處理法的管制對象為非輻射性廢棄物。

廢棄物處理法將隨產業活動產生的事業系廢棄物與日常生活中產生的生活系廢棄物區隔出來。生活系廢棄物又再分為家庭垃圾與糞尿。

事業系廢棄物則再將符合二十種特殊性質（請參照本書最後附表三）的廢棄物歸類為產業廢棄物（譯註：與我國定義的「有害事業廢棄

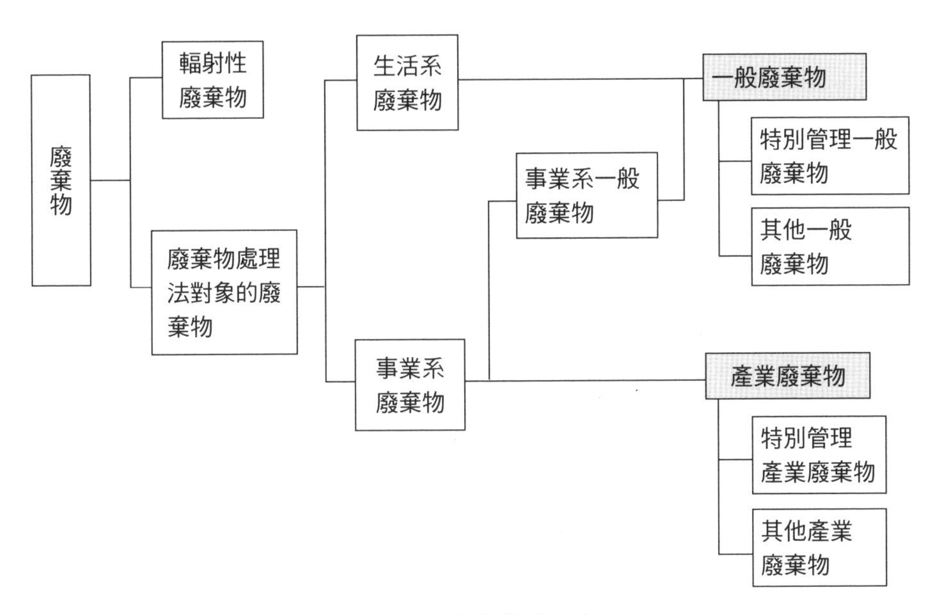

圖6-2　廢棄物的分類

物」相近）；非事業廢棄物的事業系廢棄物則歸類為事業系一般廢棄物。雖然是從工廠等事業場所產生的廢棄物，若沒有符合產業廢棄物的特別性質的話，仍然是一般廢棄物，稱為事業系一般廢棄物，與家庭產生的生活系一般廢棄物在名詞上稍微區隔。

實務上，事業廢棄物和事業系一般廢棄物的區分不是很容易。以廢塑膠為例，不只工廠，一般辦公室或學校產生的廢塑膠也被歸類成產業廢棄物，如大學裡的廢保特瓶與塑膠杯。而關於廢紙方面，木漿、紙、紙加工品製造業及印刷出版業等被指定的特定行業所產生的廢棄物為產業廢棄物，不符合上述條件的則屬於事業系一般廢棄物。因此一般的辦公室和學校產生的廢紙是事業系一般廢棄物。

從事一般廢棄物的收集和運輸必須向市町村長申請一般廢棄物處理業者的資格。產業廢棄物的收集和運輸則必須從都道府的首長（知事）取得產業廢棄物業者的資格。若業務範圍包括辦公室產生的影印紙、紙杯

（一般廢棄物）和保特瓶（產業廢棄物）的話，則必須同時具有一般廢棄物處理業及產業廢棄物處理業兩種資格才行。

此外，不分產業廢棄物和一般廢棄物，若是「具爆炸性、毒性、感染性而會對他人或生活環境產生被害的疑慮的特性」的廢棄物（即一般概念中的有害廢棄物），則是歸類為特別管理廢棄物，會以更嚴格的標準規範。

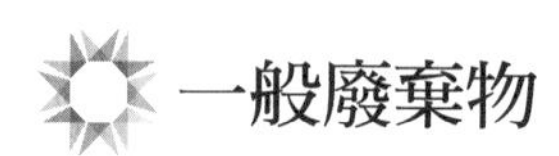

一般廢棄物

一般廢棄物的處理流程

圖6-3為一般廢棄物（譯註：以下簡稱為「垃圾」，日文為「ごみ」，定義也和我國的垃圾相同）的處理流程。在2006年度，日本全國有5,203萬公噸（t）的垃圾產生（譯註：日本是使用「排出量」代表產生量的概念）。若假設垃圾的比重約為0.3t/m^{3}的話，則全部的垃圾量約有一百四十個東京巨蛋體育場的大小。平均每人每日產生了1,116g。與2000年度的5,483t的高峰期相較，每人每日的產生量約減少了6%。產生的垃圾裡，306萬t會被町內會（譯註：類似社區的組織）等回收，剩下的4,897t會被市町村收集處理。

總產生量的86.9%，相當於4,524萬t會經過中間處理的過程，而其中的3,806萬t是被焚化處理。垃圾的焚化處理量從2001年最高峰的4,063萬t慢慢一直減少中。垃圾焚化可達到減量化和衛生面的確保的處理目的。垃圾若經過焚化，重量約會變成原來的十分之一，體積則約變為原來的二十分之一。對國土狹小的日本來說，垃圾減量是廢棄物處理一個重大的目標，因此約80%的可燃垃圾是由焚化處理。日本的焚化處理量，也約相當於全世界垃圾焚化總量的30至40%。

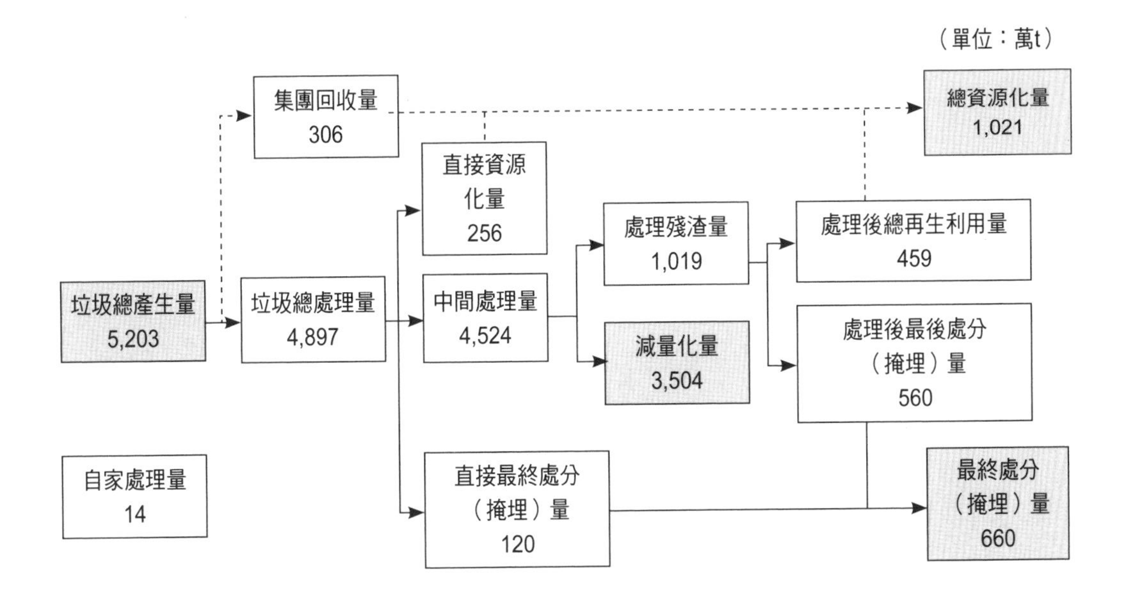

圖6-3　一般廢棄物的處理流程

資料來源：日本環境省。

除了焚化之外，將垃圾破碎化、變成肥料的堆肥化等中間處理方法也被採用。中間處理的過程總共可約減量77.4%的垃圾。

中間處理剩下的殘渣約有1,019萬t，其中的560萬t會被送到掩埋場（最終處分場）。若再加上未經過中間處理的垃圾的120萬t的話，有680萬t會被掩埋（最終處分）。

焚化處理

焚化爐的型態有許多種類，**圖6-4**為一般較常見的類型。

垃圾收集車運來的垃圾會先在垃圾貯坑中暫時貯存。貯存的過程中會定時用垃圾抓斗等重機械將垃圾適當攪拌，使垃圾性質較為平均，再移到焚化爐裡。垃圾貯存坑會充滿惡臭，因此貯存坑的空氣也會一起送到焚

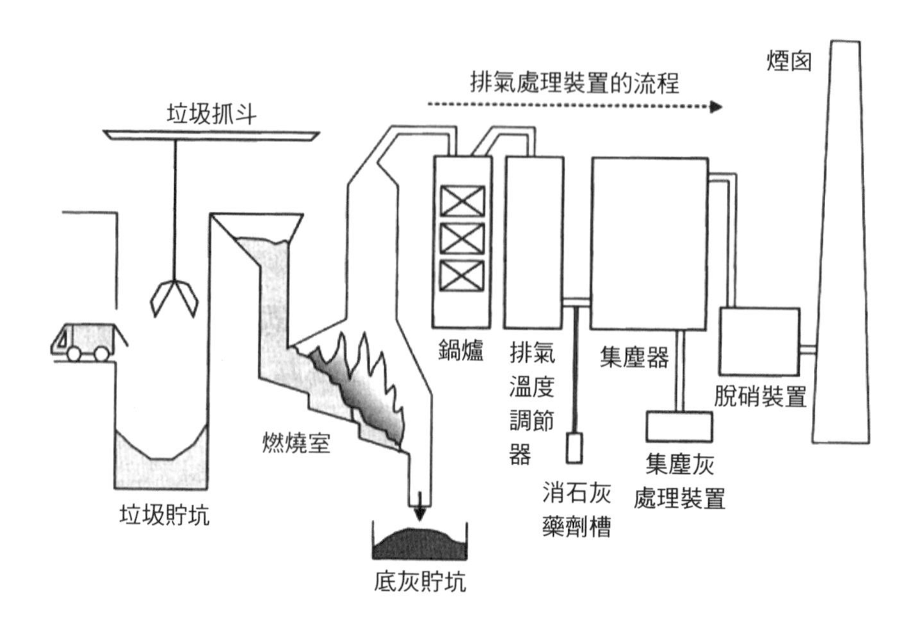

圖6-4　常見的焚化爐焚化處理流程

化爐，將垃圾和惡臭物質一起燒掉，場外不會感覺到特別濃的臭味（請參閱第五章）。

若在350至450℃的溫度焚化垃圾的話，容易產生戴奧辛類的有毒物質（請參閱第七章）。若確保850℃以上的燃燒溫度的話，戴奧辛類的有毒物質就不會產生。為達到這個目的，焚化爐的焚燒室必須有足夠的燃燒空間，因此焚化爐有愈來愈大的傾向。

因垃圾組成複雜，焚化後的排氣會含有鹽酸（HCl），因此會添加消石灰（$Ca(OH)_2$）中和鹽酸。生成的氯化鈣（$CaCl_2$）會在之後的集塵裝置裡被去除。集塵裝置主要是以袋式集塵器過濾焚化廢氣。之後再以脫硝裝置將廢氣內的氮氧化物去除，從煙囪排到周邊的大氣。

掩埋場（最終處分場）

從焚化爐產生的焚化灰渣與經破碎處理的不可燃垃圾最後會被送到最終處分的場所（即掩埋場）掩埋。在某些地區，若該地焚化設施處理能力不充足的話，有部分可燃垃圾會被直接掩埋。

在一般的掩埋場裡，因降雨的關係，焚化灰渣等被掩埋的垃圾裡許多複雜的成分會被慢慢溶解出來，例如直接掩埋的果皮渣、廚房用的調味料；甚至灰渣裡有毒的重金屬等。因此為了保護周邊的環境與生態，掩埋場的設計有一定的法規標準，以防在興建或營運及未來再利用時造成污染。掩埋場裡最基本的要求是不讓有污染疑慮的垃圾滲出水（以下簡稱為滲出水）漏到場址之外，所以必須在最底層鋪設一定厚度的不透水塑膠布，也必須將滲出水收集，經處理後才可以放流到周邊的水域裡。**圖6-5**為一般掩埋場的構造圖。

若掩埋場的容量用完的話，會進行最終覆土然後關閉。在關閉後為了防止周邊環境被污染，滲出水處理仍必須持續進行。

掩埋場的興建一直是各地方政府頭痛的難題（請參閱第十三章最後

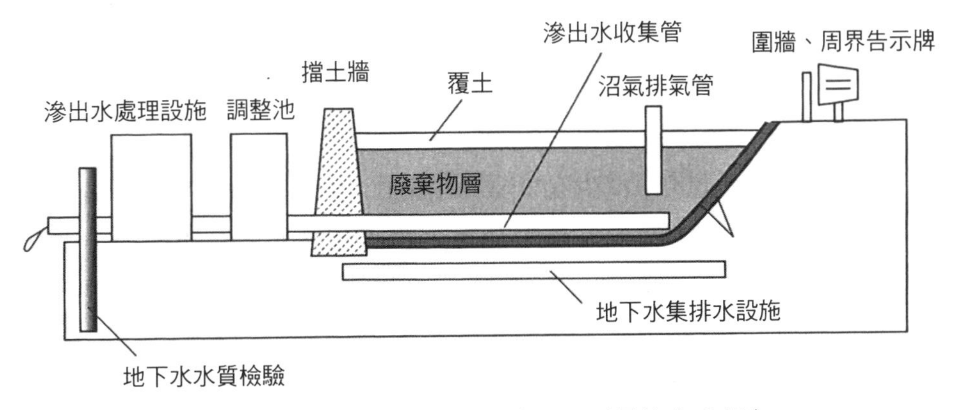

圖6-5　一般廢棄物的掩埋場（管理型最終處分場）

註：日本的掩埋場依所埋的廢棄物毒性，分為管理型、遮斷型與安定型三類。圖6-5也適用於日本產業廢棄物的管理型最終處分場設計。

的專欄）。無論如何努力於垃圾減量，現有的掩埋場容量總會有用完一天，還是必須興建新的掩埋場。但是現在興建新的掩埋場很難得到附近居民的同意和諒解。2006年度，日本裡有三百四十六個市町村（占全部的18.9%）沒有自己的掩埋場。因此最終處分量有5.1%（約35萬公噸）是運到所在地以外的區域掩埋，而這35萬公噸的53%是分布在關東地區的琦玉、千葉與神奈川三個縣裡。

垃圾的分類

日本垃圾分類的方式隨市町村習慣而異，彼此可能差異很大。一般來說，愈大的都市，垃圾分類的項目會較少。以前最基本是分成可燃垃圾（日文：可燃ごみ）、不可燃垃圾（日文：不燃ごみ）與巨大垃圾（日文：粗大ごみ）。近年分類較積極的中小都市的垃圾分類甚至超過二十種。

在垃圾中間處理方面，大都市由於垃圾量多，垃圾處理以使用大型焚化爐為主。因考慮處理成本的規模經濟性，處理量愈大的話，平均每人的垃圾處理費用應會較低。而且比起採用使用許多垃圾車進行細項分類，大都市的想法是先一起收集，然後在焚化爐周邊一起進行合理的分類。因此，以前也有都市是將鐵和玻璃視為可燃垃圾焚化，然後再回收焚化灰渣裡的磁鐵成分。此外，垃圾分類回收必須倚賴市民的合作，但是日本大都市很難得到市民的配合，因此分類項目較少，而倚賴之後的工程技術進行相關資源回收。

另一方面，中小都市因為焚化爐處理量有限，而掩埋場的確保又不易，因此垃圾減量是首要的目標。垃圾分類在大都市或許困難，但在中小城市裡，町內會等社區組織活動非常熱烈，在居民有一定感情的基礎上，推動垃圾分類就容易得多。若有民眾沒有好好做垃圾分類的話，其他民眾就會互相注意指導。基於以上的理由，日本中小都市的垃圾分類態度較積極，也進行地較大都市順利的多。

但是近年也出現市民、議會及媒體批評大都市垃圾分類進行不力的聲音。而掩埋場可用容量也非常緊迫的狀態下，大都市也開始積極推動垃圾減量或垃圾分類方面的工作。

由過去的數據來看，垃圾分類的種類愈多，垃圾的總產生量和每人每日垃圾的產生量也會減少。依據環境省2004年度的統計，若以每人每日垃圾的產生量的平均值來看，只分二或三類的地區超過1,000g，分四類以上的地區就低於1,000g，分十類的地區為918g，分二十一至二十五類的地區為849g，分二十六類以上的地區為809g。

雖然垃圾產生量隨地域社會經濟狀況的複雜因素影響，但分類愈多的話，市民對垃圾減量或回收等意識會愈來愈強，因而可以有效降低地域的總產生量。

垃圾收集的規費化

一般廢棄物的處理是由市町村負責。但是焚化處理的費用非常地高，依2006年度的統計，地方政府負擔的垃圾焚化經費總共為1兆8,633億日圓，平均每個日本民眾一年負擔1萬4,600日圓。這僅是日本全國的平均值，對垃圾量大的都市所花的費用更多。這全部都是民眾的納稅所支出，對地方政府來說財政非常地吃緊。

實施垃圾收集收費制度的市町村有增加的傾向。除了巨大垃圾之外，於2006年度，日本有1,046個市町村（占全體的57.3%）實施生活垃圾的收集收費制度。收費的型態有許多的種類。一般來說，10L的專用垃圾袋價格為10至20日圓，40L的為40至80日圓。也有一些特別的型態，例如千葉縣野田市，當地會免費發放一定數量的專用垃圾袋給每戶家庭，但當這些專用垃圾袋用完之後，就必須自己花錢購買，售價訂為40L的袋子五個850日圓（每個170日圓）。

垃圾處理所需要的經費估算的話，全國平均40L的專用垃圾袋應收費約300日圓。因此就算專用垃圾袋定價較高的市町村其實收取的費用還是比處理垃圾的成本低，還是需要稅金的補助才夠。因此實際上專用垃圾袋收費的目的在抑制垃圾的產生量。依照日本國立環境研究所的分析，若收費10日圓的專用垃圾袋漲價為100日圓的話，垃圾的產生量可以減少21.6%，若漲為150日圓的話，則可以達到33.6%的減量率。

但是，垃圾收費似乎只能達到一時間的減量效果。經過一段時間之後，有部分民眾可能又習慣於垃圾收費，而出現產生量又回到以前水準的「反彈」（rebound）效果。此外，若市民不願意配合垃圾收集收費制度的話，可能會導致民眾任意丟棄家庭垃圾的現象。雖然垃圾收集收費可以一定程度地減少地方政府的財政負擔，但實施時也必須注意上述的問題。

產業廢棄物

日本約一年產生4億公噸的產業廢棄物（譯註：與我國的有害事業廢棄物相近），約為一般廢棄物量的8倍。2005年度的產業廢棄物產生量中，污泥約占45%，動物的糞尿約占21%，瓦礫約占14%，這三類約共占80%。其中污泥和動物糞尿的含水率很高。而污泥約有40%是從污水處理廠（請參閱第三章）所產生，所以產業廢棄物和日常生活也是有很高的關聯性。

圖6-6為日本產業廢棄物的流向。雖然和一般廢棄物類似，但全體約有一半（52%）是被再生利用（日本的一般廢棄物僅約20%）。和混雜在一起的垃圾不同，產業廢棄物均質的部分較多，所以也比較好回收再利用。目前的回收率也一直往上提升，從1997年度的41%到2005年度的52%。而同期間最終處分率（掩埋率）則從16%降為6%。

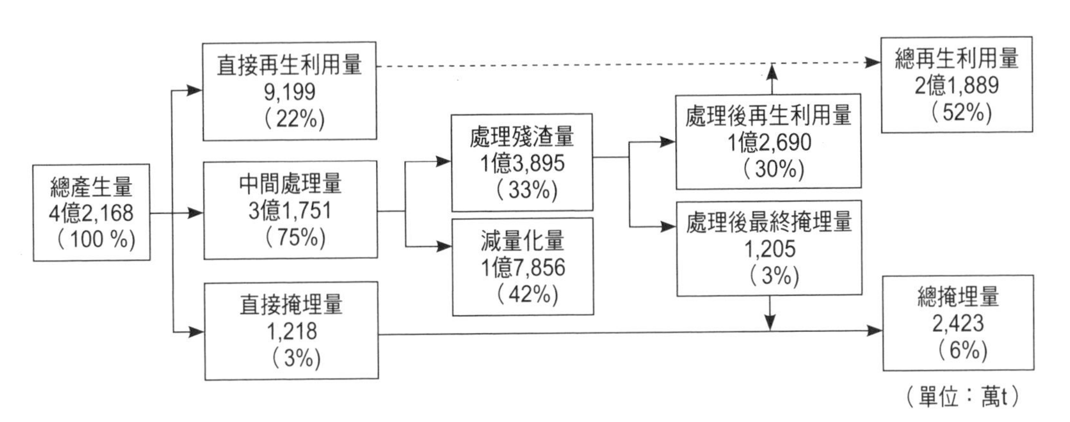

圖6-6　2005年度產業廢棄物的處理流程

資料來源：日本環境省。

產業廢棄物的再生利用率取決於回收的容易度。2005年度，個別性質的產業廢棄物的再生利用率較高的為：動物的糞尿（95%）、瓦礫（94%）、金屬屑（93%）、礦渣（91%）；較低的為：污泥（9%）、廢鹼液（22%）、廢纖維（32%）。

產業廢棄物與一般廢棄物一樣，為了減量化和無害化，必須進行一系列的中間處理。較常使用的方法包括：焚化（木屑、廢塑膠等）、破碎（木屑、瓦礫等）、脫水（污泥）、乾燥（污泥）、中和（廢酸液與廢鹼液）、油水分離（廢油與水的混合物等）、分解（有害物質）、固化（有害無質等）。

根據日本「廢棄物處理法」中間處理必須由特定資格的廠商進行，也規定不同性質的產業廢棄物相對應的中間處理方法與相關環境標準。處理設施也必須有相關許可。

經中間處理之後送至的廢棄物最終處分（掩埋）場，依廢棄物的性質和種類分為三種類型。

若掩埋之後廢棄物的性質不太會變化的產業廢棄物，如廢塑膠、廢橡膠、金屬屑、廢玻璃、瓦礫、陶瓷等，適合送到「安定型最終處分

場」（如圖6-7所示）。在此類掩埋場中設有地下水檢驗設備，以監控污染發生的狀況。截至2006年4月，日本全國有1,413個安定型最終處分場。

若掩埋之後，廢棄物會產生腐敗狀況的話，則必須小心因雨水產生的大量污水。這類的產業廢棄物就會被送到「管理型最終處分場」，底部必須裝設不透水層，並收集、處理滲出水才能放流，其設計可參照前面的**圖6-5**。截至2006年4月，日本全國有八百八十九個管理型最終處分場。

若產業廢棄物經處理後還是超過相關環境標準的話，則必須送到「遮斷型最終處分場」掩埋。在這類型的掩埋場設置有水泥製成的屋頂，將廢棄物與周圍環境完全阻隔（如**圖6-8**所示）。截至2006年4月，日本全國僅有三十三個遮斷型最終處分場。

日本的業者必須向主管機關申報在事業行為時產生的產業廢棄物，即聯單申報制。總共有七枚的聯單，記錄廢棄物的量、種類、形狀、產生之業者、委託運輸業者、委託處理業者、最終處分場所的資訊。不同的聯單在規定的期間由不同階段的業者保管。藉由這樣的制度可以管控產業廢棄物的流向，若問題發生時也可釐清責任所屬。

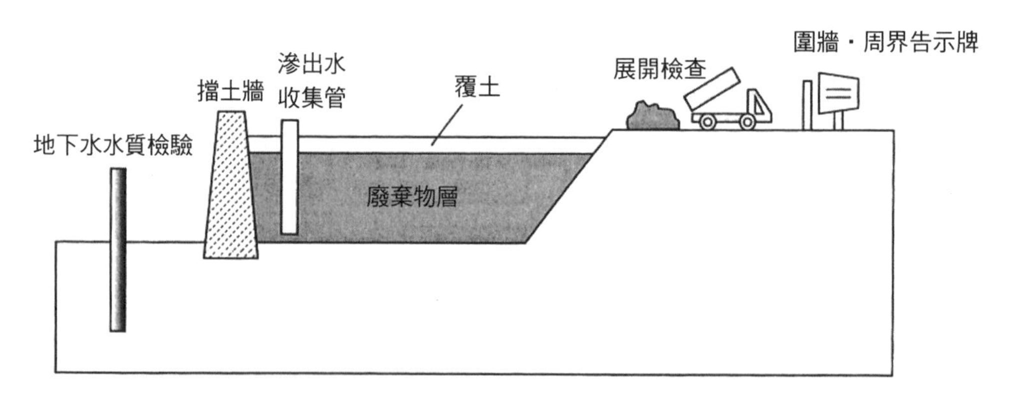

圖6-7　安定型最終處分場

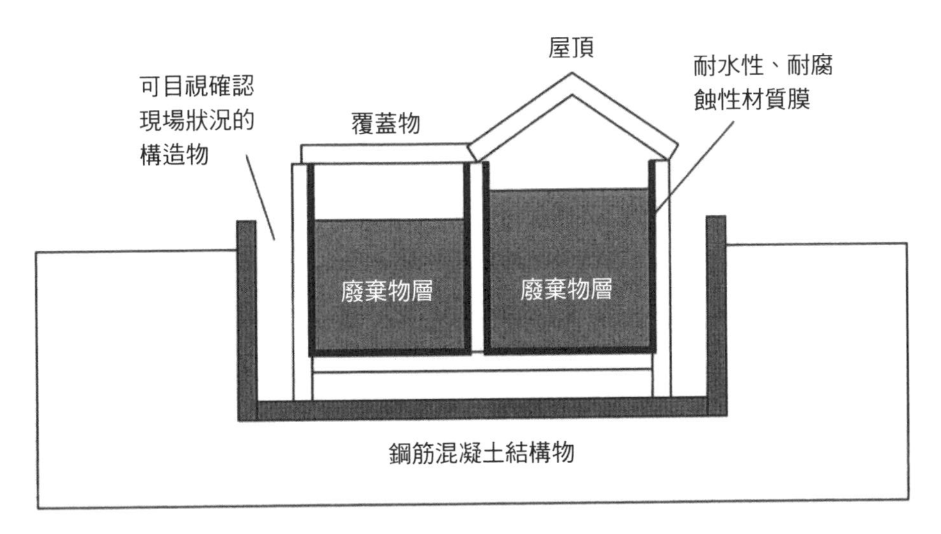

圖6-8　遮斷型最終處分場

回收

為什麼一定要進行回收呢？

在江戶時代，日本就存在各式各樣的回收行業。例如有將廢紙再重新編成中古紙的職人。現在還有的「舊衣商店」（日文：古着屋）與「舊傘商店」（日文：古傘買い）在當時就已經開始。此外還有「燈籠修理店」（日文：提灯の張替屋）、修理陶瓷器具的「燒接屋」（日文：焼接屋）、將短蠟燭再融製成長蠟燭的「蠟燭再生店」（日文：蠟燭の流れ買い）等充分再生利用生活用品的行業。

但是當時的回收業者純粹是基於商業考量，並非為了環境保護。當時並未存在回收的社會習慣，但是確實存在一定數量賣不用物品的人與買這些回收物的商人。在日本近年很流行的口頭禪「真是浪費呀」（日文：もったいない），就是指把還有經濟價值的物品丟掉這種行為。沒有經濟價值的東西，在江戶時代也是讓它「和水一起流走」（日文：水に流され）。

若回收有利可圖的話，自然就會自發性的進行。

若帶著啤酒瓶或啤酒罐去居酒屋消費的話，有的居酒屋會給予一定優惠。因為有廠商會買這些回收物再利用，做成新的啤酒瓶等。雖然是有償地回收，但這樣再利用的話，會比買材料製作划算的話還是會持續進行。中古車也是因為有很多消費者會買中古車再利用，所以形成一個大規模的市場。

失去經濟價值的物品，就不會被回收。使用完的保特瓶若回收再做成新的商品的話，不一定對保特瓶廠商划算，所以大部分的保特瓶廠商不會特意回收保特瓶。所以就變成「逆有償」的狀況，使用後的保特瓶變成廢棄物。

但有一個情況是，若商品變成廢棄物，而處理費用比回收費用高的時候，那還是有可能讓廠商有意願回收。產業廢棄物的狀況就是一個好例子。因為處理標準每年愈來愈嚴格，而且因最終處分場容量愈來愈少，處理費用也愈來愈高。這樣的變化讓回收產生經濟誘因。結果愈來愈多的廠商為了節省處理費用而自主進行廢棄物減量與回收再利用以減少開支。

若市場機制下，回收費用一直還是比處理費用高的時候，自主的回收很難順利推行。這個情況的話，則可以用規範的方法，由政府修改法令，使廠商負有回收的義務，強迫廠商進行回收，否則將會被處罰。因此若被行政處罰的話，對廠商則產生「負的經濟價值 」，相對地，回收和減量就會產生經濟誘因，促使廠商積極進行回收和減量。

因此，已經存在有償交易的回收市場的物品就不列入「廢棄物處理法」與各種的回收法的對象。而「逆有償」的廢棄物就是規範的對象。

回收的種類

回收的分類方式可整理於**圖6-9**。廣義的回收包括循環使用與階段性

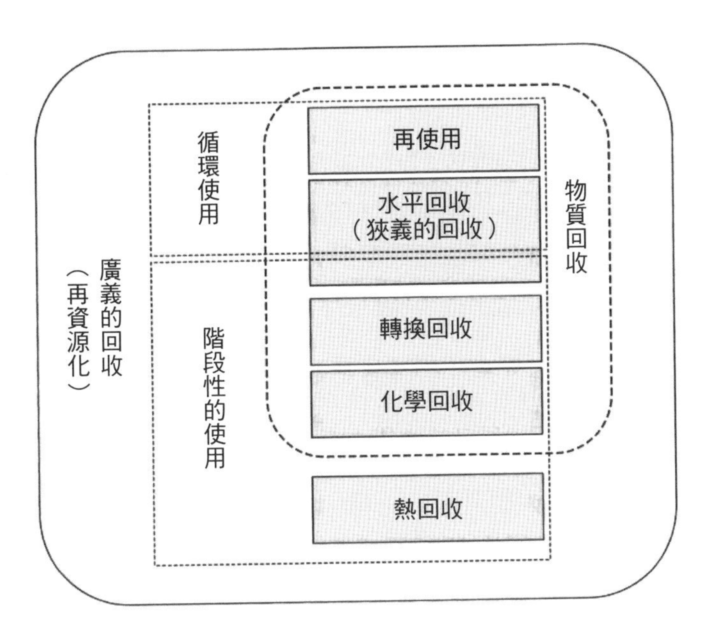

圖6-9　回收的分類

的使用（cascade recycle）。區分的原則是若品質不會隨著回收再使用過程劣化的話，就屬於循環使用；而若隨著回收的次數，物品的品質會逐漸劣化的話，則歸類為階段性使用。由環境面來看，循環使用是一個理想的型態。

再細分的話，循環使用還可分為再使用（reuse）及水平回收兩種。

再使用的例子有玻璃啤酒瓶和可樂瓶，這種可以用原來型態直接使用的物品。

水平回收是指和原來一樣的物品再使用，但可能要稍經處理，例如鋁罐回收再做成鋁罐。這也是一般大眾對「回收」的印象，因此也稱為狹義的回收。在水平回收的狀況，有可能再生品的品質會愈來愈差。例如廢紙再回收製成的再生紙，纖維會愈來愈短，而造成品質低下。無色的玻璃瓶也可能回收再製成有色的玻璃瓶，但這樣的話就無法再回復成無色的玻璃瓶，這也算是品質劣化。因此這類的水平回收也可以歸類為階段性的使用。

至於階段性的使用可分為轉換回收（conversion recycle）、化學回收（chemical recycle）與熱回收（thermal recycle）三種類型。

轉換回收是只將廢棄物做為材料製成別種有經濟價值的商品，例如將食品殘渣製成肥料或將廢油做成肥皂。

化學回收是將廢棄物用熱分解或生物分解將它變回原來的材料，例如將廢塑膠再重製成石油。

熱回收是將廢棄物焚化，然後再利用所產生的熱量供應給附近區域或是發電。因為熱回收之後就無法再以物質的型式利用，所以也有一種分類方式是分成熱回收和物質回收兩種，這算比較廣義的回收的分類。一般的原則是，對於廢棄物進行物質回收利用困難時，熱回收是較可行的方式。

費用負擔

目前的廢棄物管理正面臨包括最終處分場容量的劇減、非法丟棄、跨縣市的廢棄物非法運輸等許多課題。因此日本政府自90年代以後除了不斷修訂「廢棄物處理法」外，也根據時代的需要，依序制定了「資源有效利用促進法」（1991年）、「循環型社會形成推進基本法」（2000年）及個別對象的回收法律。為減少廢棄物產生，促進環境友善商品的購買，也於2000年制定了「綠色採購法」（日文：グリーン購入法）。

個別對象物品的回收法包括：「容器包裝回收法」（1995年）、「家電回收法」（1998年）、「建設回收法」（2000年）、「食品回收法」（2000年）、「汽車回收法」（2002年）。這些法律的概要整理於**表6-1**。

表6-1　日本針對個別回收對象的法律

	容器包裝回收法	家電回收法	汽車回收法	食品回收法	建設回收法
對象	一般廢棄物	一般廢棄物 產業廢棄物	一般廢棄物 產業廢棄物	事業系一般廢棄物 產業廢棄物	產業廢棄物
	容器包裝材料（紙、塑膠、瓶、保特瓶）	冷氣機、空調設備、電冰箱、洗衣機	汽車	來自食品加工業、零售業及外食產業的食品廢棄物	建築物解體時的廢棄物、木屑、瓦礫
概要	專門的業者將市町村收集的容器與包裝材料再生利用	購買新的家電時由零售業者進行再生利用	由專門業者將氟氯碳化物等回收後再解體、再生利用	訂定目標值，促進業者的再生利用	建築工事的負責單位必須承擔解體計畫的義務
費用負擔	收集：稅金 再生使用：業者	消費者 （廢棄時支付）	消費者 （購買時支付）	--	--

政府特意制定各種回收法也反映出原本這些使用後的商品在市場上已經失去經濟價值，所以原來的所有者就沒有自主地付錢回收的動機。

在個別的回收法裡面，容器包裝回收法、家電回收法與汽車回收法裡也特別納入「擴大生產者責任」的原則。就算消費者購買後、使用後，製造的廠商還是負有回收原來商品的責任。但是不同階段的製造、銷售廠商該負責的費用和責任則因不同法律而異。目前相關單位仍在討論法律該如何修訂。

在容器包裝的狀況，消費者並不負擔任何費用，而是由飲料製造商等業者負有該商品容器包裝材料回收的義務。但是實際的回收卻是由市町村等地方政府用稅金在執行。依據2003年度的資料顯示，全日本的市町村花在容器包裝材料的分類回收和保管費用當年度的估計值為3,000億日圓。即使把因分類回收而減少的焚化及掩埋費用扣除，市町村仍多負擔了380億日圓。不少市町村有不滿的聲音出現。

汽車回收法中納入費用負擔的對象物為中古車裡去除金屬和塑膠後，再經粉碎的碎屑及防撞氣墊的回收，與車用空調所使用的氟氯碳化物冷媒之回收與處理費用。這個費用屬性為處理前就必須付出的費用。由消費者在買車時就必須先支付。而在這個法律生效之前就已經買車的消費者，則在生效後的第一次車檢時補繳此費用。

家電回收法裡的對象家電，包括冷氣空調、電視、電冰箱與洗衣機，其回收費用是由消費者在廢棄這些家電時支付。在消費者換買新家電時，販賣的店家也可以向消費者收取回收費，然後把舊家店回收。由於這樣的制度可能造成部分消費者因為不願意支付回收費而非法棄置舊家電。近年也開始有多人認為家電回收法應該像汽車回收法一樣，把支付回收費的時點改為消費者購買的時候。但是家電廠商則認為幾年後原本消費者支付的回收費，目前廠商無法反映在商品價格裡，因此反對現行制度的變更。

專欄 塑膠袋收費

日本平均每人每天會有一個從商店櫃台拿到的購物用塑膠袋變成垃圾，每年日本就約有三百億個塑膠袋被丟棄。雖然有的超市會利用折扣或集點等方式鼓勵消費者拒拿免費提供的購物袋，但減量的效果非常有限。

近年購物袋的減量效果愈來愈好了，其關鍵是實施了購物袋收費制（即課稅）。依據日本環境省的調查，購物袋收費後，消費者自備購物袋（my bag）（日文：マイバッグ）的比率從實施前的10至30%提高為80%。

在歐洲、韓國與台灣等地區也很早就實施購物袋收費制，自備購物袋也慢慢變成社會的一種生活習慣。

日本於2007年實施了修正的「容器包裝回收法」，在此法中，中央政府規定發放大量購物袋的小販零售業，必須設定自己的塑膠袋削減目標與販賣自用購物袋等塑膠袋的收費方法。此法也規定每年使用50t以上塑膠袋的大量用戶有義務向中央主管單位報告該公司每年進行容器包裝材料減量的計畫。

在流通業裡也出現主動和環境省簽定自主塑膠袋減量協定的公司。例如超市業的大企業Aeon公司於日本全國的商場裡停止發放免費的購物袋。該公司目前訂定的目標為在2010年度底，主要旗艦店裡自備購物袋的消費者要超過80%，目前全系列商店也正朝50%的目標努力。

而地方自治體也在塑膠袋減量上有許多積極行動。2008年4月東京都杉並區公布了區內的塑膠袋收費條例。區內塑膠袋使用大量的業者負有向區長報告塑膠袋收費計畫的義務。

依環境省2007年進行的調查指出，有46%的消費者贊成對購物用的塑膠袋進行收費，比反對的28.9%高出甚多。但另一方面，考慮未來實施塑膠袋收費的業者僅停留在7%。因此，仍有必要像東京都杉並區一樣，請地方政府利用法令推動業者積極實施塑膠袋收費。

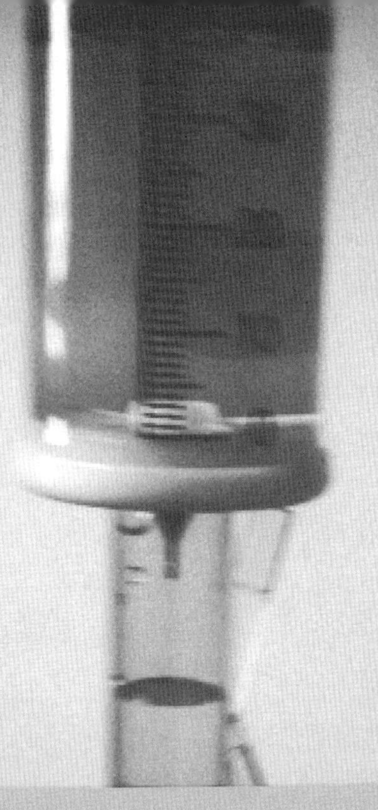

Chapter 7 有害物質的標準

引言

一般我們都將這世上許多的事物概分為「安全」與「不安全」兩類。可是在這世界裡100%安全和100%危險的事物其實並不存在。許多事情沒有絕對的標準，也存在很大的灰色地帶。

某個物質危不危險，該如何注意，是取決於該物質毒性的強度及該物質被人攝取的可能性。就算是很毒的物質，如果日常生活裡攝取的量非常地小的話，那就不是嚴重的問題。但相反地，若某物質毒性不強，但很容易曝露在生活環境被人攝取的話，那累積在人體內的毒性就必須謹慎評估。在世上無數的物質裡，要完善地管理和制定管理規則非常困難，必須考慮各個物質的特性。在第七章裡，將介紹有害物質的基準是用什麼原則制定出來。

»»» 關鍵字 »»»

毒性、殘留性、生物濃縮、風險、無觀察危害反應劑量（NOAEL）、每日容許攝取量（TDI）

有害物質的定義

十五到十六世紀活躍於歐洲，被稱為毒物學之祖的Paracelsus曾經說過：「這世上沒有不含毒的物質。有的物質，隨用量的不同，可能是毒，也可能是藥。」

鹽（氯化鈉）、砂糖、脂肪是人體能量來源不可缺少的營養。但另一方面，日本人三分之一是死於糖尿病、心臟病、高血壓或腦中風等生活習慣疾病，其中主要的原因之一就是鹽、砂糖和脂肪的過量攝取。鹽、砂糖與脂肪一方面是必要的營養，但同時也是日本人最大的死亡原因。這個問題的關鍵就在於攝取量的多寡。

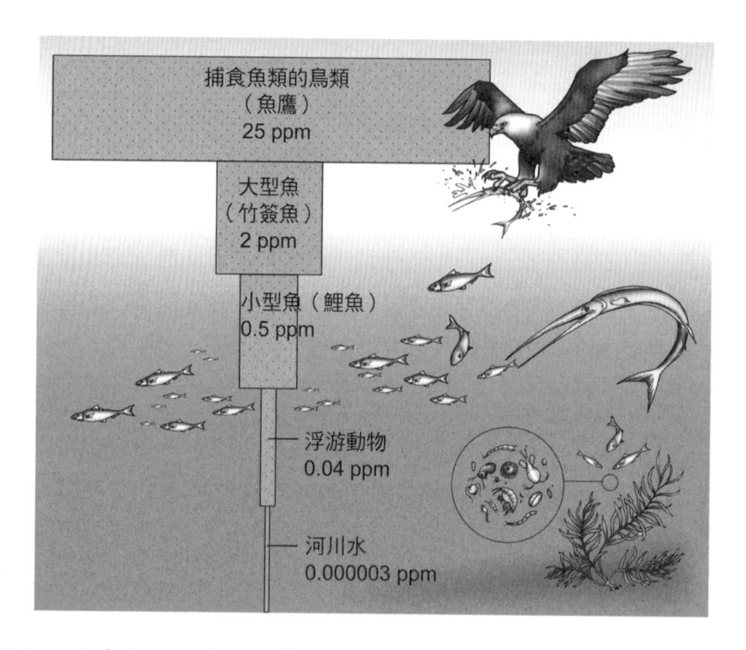

紐約近郊河口水中的DDT濃度雖僅有0.000003ppm，因生物濃縮的機制，肉食的鳥的體內竟檢測出高達相當於水中濃度800萬倍的25ppm的濃度（修改自G. Tyler Miller, Jr., *Environmental Science*, 9th ed., Brooks/Cole, 2003, p.227）

如Paracelsus所言，物質的安全性不能只二分為有害或無害，但為了制定法律的管制標準，必須決定何謂「有害物質」。實際上，因某種物質的存在，造成人類或生態系不良的影響或是存在潛在的不良影響，可以把這類物質認定為有害物質列入管制對象。這樣的認定標準雖然並不十分明確，但基本上點出幾個重點：物質的毒性、環境中的殘留性與人類攝取或曝露於此物質的可能性。

毒性

毒性分為急性毒性和慢性毒性。

急性毒性是指曝露某物質當下不久到數日內產生的毒性。毒性的強度是以半數致死量（lethal dose 50%, LD_{50}）做為評估指標，這也是一般常用的致死量常使用的定義。LD_{50}的估算方法是向實驗動物施打一定劑量的毒物，剛開始時體質較弱的動物會無法忍受而死；之後慢慢增加毒物劑量，動物的死亡數量也會增加（即死亡率增加）；到最後全部的實驗動物在某個劑量下全部死亡。在這個過程中，實驗動物半數的量死亡時，投藥的毒物劑量定義為LD_{50}（如**圖7-1**所示）。LD_{50}的單位，則以1公斤體重單位的毒物投藥量表示（mg/kg或μg/kg）。

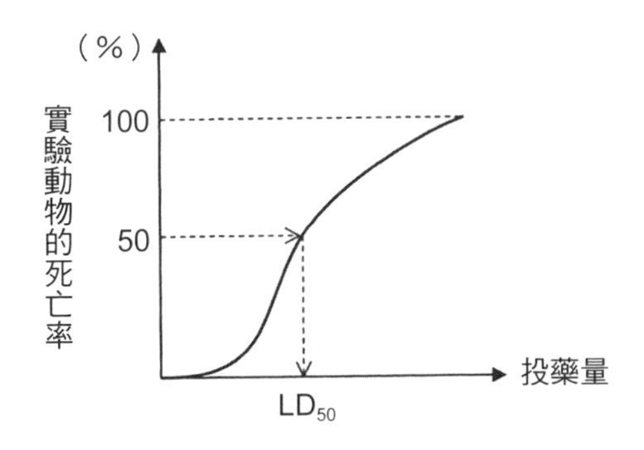

圖7-1　半數致死量（LD_{50}）

在日本「毒物與劇物取締法」裡，將毒物定義為經口攝取之物質其LD_{50}為50mg/kg以下；而劇毒物質（日文：劇物）則是經口攝取之物質其LD_{50}在50mg/kg以上、300mg/kg以下。在該法中除了經口攝取外，也訂定了經皮膚接觸等可能曝露途徑下攝取毒性物質的標準。若較該法中訂定的毒物與劇毒物質標準毒性為弱的話，就可認為是「普通物質」。

慢性毒性是指在長時間曝露後發現的毒性。致癌性（請參照本章最後的專欄）、致畸形性（導致畸形兒誕生）是較常被提及的慢性毒性。但是這兩種性質的驗證需要長久的流行病學研究證實，所以目前科學界對物質是否有致癌性及危險劑量等性質仍未能明確掌握。

國際癌症研究機關曾針對各式各樣的物質及電磁波與職業環境，將調查對象物質依致癌性分為四類（如**表7-1**所示），完整的版本可參見該機關2006年1月出版的資料。

表7-1　IARC所證實的生活中常見物質的致癌性

Group 1（確定有致癌性：95種）
石綿、戴奧辛、特定的病毒、口服避孕藥、太陽光、X線、伽馬射線、酒精飲料、煤焦油、醃魚、煤煙、木屑、二手煙
Group 2A（有致癌性疑慮：66種）
無機鉛化合物、三氯乙烯、紫外線、柴油車排氣、日曬效果用電燈
Group 2B（有致癌性可能：241種）
氯仿、DDT、體內植入異物、金屬鎳、咖啡、汽車排氣、醃漬物、超低頻率磁波等
Group 3（不能完全排除有致癌性：497種）
咖啡因、金屬鉻、煤的灰塵、超低頻率電波、靜磁、靜電、金屬水銀、無機水銀、糖精、手術用的人造臟器或支管、蛀牙填充材、茶、原油等
Group 4（並非沒有致癌性的疑慮：1種）
己內酰胺（$C_6H_{11}NO$）（尼龍纖維原料）

參考文獻：作者參考IARC資料製表。

殘留性與生物濃縮

即使有毒性強的物質，釋放到環境時能馬上就被分解的話，理論上不會造成太大的問題。在環境保全中需要注意的是在環境中難分解、長期存在的物質，這個特性被稱為**殘留性**。

此外，在物質裡也分為可溶於水的水溶性物質和難溶於水的脂溶性物質兩類。例如若將水和油混合，攪拌均勻，靜置不久後仍會分為油水兩層；這時若再將第三個固體粉末物質放進去的話，該粉末中水溶性物質大部分會溶在水裡，而該粉末的脂溶性物質會溶解在油裡。沙拉醬就是一個很好的例子。沙拉醬是用醋（醋酸水溶液）、沙拉油、鹽、胡椒等香料混合而成，混合後或放在餐桌上靜置的話，會慢慢分成油和醋兩層。這個時候，親水性的食鹽大部分會溶解到醋裡，而脂溶性較強的香料則大部分會溶解到沙拉油裡，也因此形成醋會比較鹹，油會比較香的狀態。

水溶性的物質若進入體內的話，一部分會溶解到尿液裡排出。例如維他命C是水溶性，所以若維他命C攝取過多的話，多餘的維他命C會隨尿液排出，不會造成嚴重問題。但脂溶性物質不會溶解到尿液裡，很難隨尿液排出，因此容易累積在體內。例如維他命A為脂溶性，因此若攝取過量的話，無法排出體內，而可能會對造成身體不良的影響。

環境中的物質若為殘留性高的脂溶性物質的話，就很容易累積在生物體內，這個現象稱為「生物濃縮」或「生體內濃縮」（如**圖7-2**所示）。然後，若某物質先在微生物體內累積，然後被小型肉食動物捕食，然後小型肉食動物又再被大型肉食動物捕食，在食物鍊中重覆發生的話，在生態系上級的消費者的動物就很可能有被高濃度污染的風險。這個現象稱為「生物放大」。

在現代被禁止使用的殺蟲劑DDT和絕緣體PCB，及戴奧辛類的有機氯化物，存在很多生物濃縮的現象。紐約近郊的河口裡，DDT的濃度被測得0.000003ppm，但在那裡棲息的浮游生物裡被測到0.04ppm，而捕食

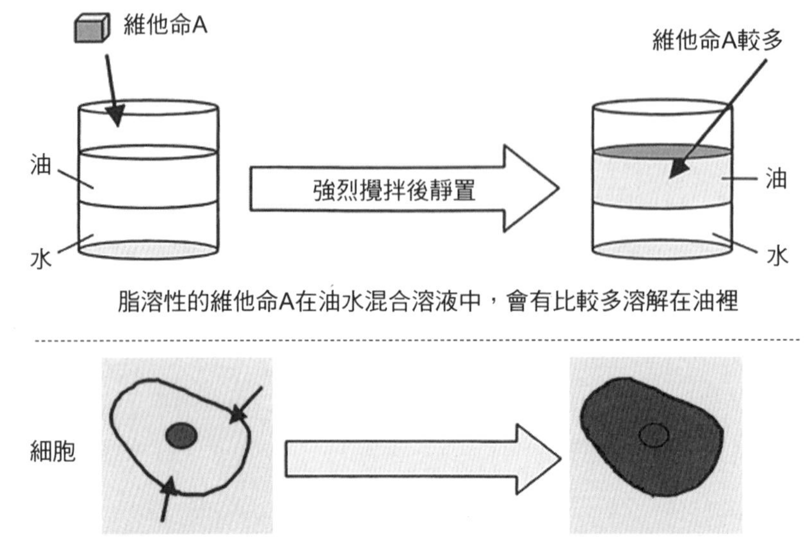

圖7-2　脂溶性的生體濃縮

浮游生物的小魚是0.5ppm，捕食小魚的大魚是2ppm，魚食性性的魚鷹是25ppm。從浮游生物到魚鷹，生體內DDT濃度就有近800萬倍的差距。

規範的成本

由於不可能將所有的物質使用都完全建立法規標準，從環境保全的觀點來看的話，在考慮必要性的前提下，一個課題是該怎麼合理決定優先納入法規管制的物質種類和濃度。

這個時候不得不考慮的是隨著管理制度建立所需的成本（費用）。若因法規管制而沒有讓整個社會或環境得到更高的效益的話，法規的必要性也需檢討。

第三章裡提到的自來水加氯消毒就是一個這樣的例子。因自來水加氯消毒而造成自來水中含有三氯甲烷的存在，但若為了減低三氯甲烷濃度而取消加氯消毒的程序的話，很有可能會讓以前水系傳染病再重新蔓延。因此若考慮三氯甲烷造成的潛在問題所造成的成本，和因加氯消毒使水系傳染病幾乎不存在的效益的話，目前的判斷是效益大於成本，所以加氯消毒的做法就不應該被取消。

鉛的問題也是一樣，在歐洲，鉛不得被使用在家電產品的製造過程中，但目前鉛仍允許被使用於製造汽車電池。這是因為目前不含鉛的電池技術上還無法實用，因此禁止的成本（無法使用汽車）對於社會衝擊太大。

曝露風險

若有一毒性強且殘留性高的物質，但人類和生態系曝露在此物質的可能性很低的話，法規制定標準時，應降低其優先順位。例如1995年東京地下鐵奧姆真理教事件中使用的毒氣沙林瓦斯毒性非常地強，但若沒有人特意製造與特意散播的話，一般工廠排放氣體中不會含有沙林毒氣，不會出現在環境中。因此在選定環境污染物質管制對象時，沙林毒氣被列入的優先性就較低。

但相反的，毒性稍弱或殘留性較低的物質，但人類和生態系有大量曝露的可能性的話，管制的優先順位就很高。砷化合物的毒性會依型態而異，有機砷的狀態其實毒性並不高。很多地方的地下水都含有砷，但若居民長久飲用地下水的話，就會出現嚴重的健康問題，因此就被優先納入管制對象裡。

某種物質該不該被管制，若需要被管制，其管制濃度標準如何訂定，主要是依據該物質的毒性和可能的曝露量，稱為有害物質的風險，可以用下式表示：

有害物質的風險＝該物質的毒性強度×曝露量

因此，管制的優先性可用該物質的風險決定（也需考量管制成本、環境正義與世代正義等因素），若風險大的物質就該優先管制，而風險較低的物質就可以延後管制。

 標準的設定

無觀察危害反應劑量與每日容許攝取量

若要規範有害物質的話，則必定要設定標準值。以下將討論環境標準值該如何合理訂定的原則。

在日本，環境標準是與「大氣的污染、水質的污濁、土壤的污染和噪音有關的環境條件」相關，「為了達到並維持保護人類的健康以及生活環境的保全之目的而期待的標準」（「環境基本法」第16條）。基於「污染物質的濃度及噪音音壓位準等實際值，若在標準值設定值以下的話，不會發生問題」這樣的原則設定環境標準。有害物質的水質環境標準設定為自來水的水質標準（請參照本書最後的附表一）；意即就算喝了也不會發生問題的程度（請參照第四章）。

此外，決定環境標準時，首先必須估計的是該物質的**無觀察危害反應劑量**（no observed adverse effect level, NOAEL）（日文：無毒性量），意指若每天攝取該物質的話，持續一輩子都不會出現明顯不良影響的量（請參照本章最後的專欄）。通常單位是以1公斤體重每天的攝取量表示。

NOAEL是以天竺鼠、老鼠與小白鼠等動物實驗下測得的估計值。

要測定某物質的致癌性，施打一定量的X物質到十隻天竺鼠體內（強制曝露），若此十隻中沒有任何一隻得癌症的話，還不能斷定這個劑量就

是NOAEL。因為若用一百隻天竺鼠進行相同實驗的話，或許可能會出現發病的天竺鼠。一樣的想法，用一千隻進行時驗的話，也可能會出現罹病的天竺鼠。

實驗樣本的天竺鼠數量愈多的話，結果會愈準確，但是實驗室的空間以及預算是否足夠是一大現實的限制。此外，基於倫理原則，實驗動物的使用量也須儘量減少。

為了在預算、實驗空間、時間與倫理等限制下要得到可信賴的結果，一個迫不得已的方法是讓實驗動物大量曝露在目標物質之下。這樣的話，就算樣本數量少的狀況下，也一定會有罹病的樣本出現。之後，再適當調整曝露量，觀察樣本致癌率的改變。基於這樣的程序，即可求出不會造成發病的NOAEL。

但這樣的程序仍有一些學理上的不確定性問題。包括曝露量大的時候，曝露量大和發病率的關係可能會改變；同樣地，曝露量過小的時候，最後得到的值也可能偏低。而且當曝露量和NOAEL都很低的時候，最後發病率的關係也很難確定（如**圖7-3**所示）。

因此，動物實驗求得的NOAEL實際上有很大的不確定性，甚至可能和真實情況完全不同。但是NOAEL應從保守的角度設計才能保護人類和生態安全，因此決定的估計值比真實的數值小幾百倍都可以接受（較嚴格、安全），但相反的，估計值比真實的數值大幾百倍的話，則會造成標準太過寬鬆的問題，不會這麼做。

若算出NOAEL的話，之後就是計算該物質一天裡持續曝露的狀態下，不會出現不良影響的劑量，稱為**每日容許攝取量**（tolerable daily intake, TDI）。若NOAEL可以合理估計出的話，也可以直接當成每日容許攝取量，但是在實驗上還是有許多的不確定性。此外，同樣的物質對人類和對天竺鼠是否有一樣的影響，醫學上也有很多爭議，因此動物實驗得到的估計值是否可以直接應用於人體目前尚未有定論。

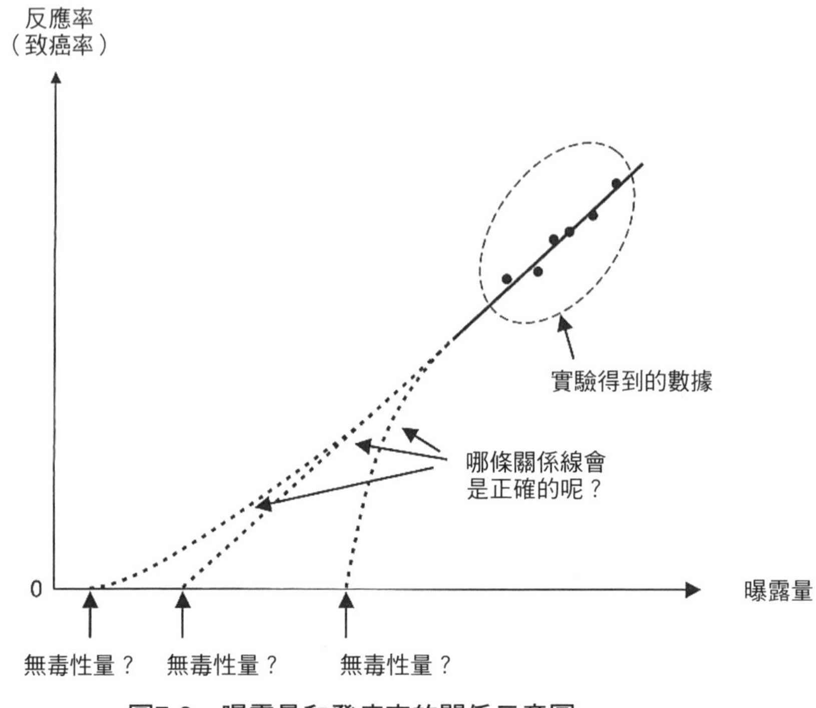

圖7-3　曝露量和發病率的關係示意圖

不確定性係數

因NOAEL的估計有很高的不確定性，因此每日容許攝取量在使用時會將動物實驗結果得到的NOAEL除以10或除以1,000當做不確定性係數。若實驗的數據不確定性大的話，為了安全考量，可以除以較大的不確定係數，這樣每日容許攝取量會較小（愈小的值愈要小心防範）。這樣計算的話，NOAEL從實驗的結果估算，而每日容許攝取量就用比較小的值，這樣能更保障安全。

而有害物質的環境標準就可以參加計算出來的每日容許攝取量決定。例如以水質標準來說，成人每人每天的飲食大概會攝取2公升（L）的水，於是可以用2公升的水裡含有某有害物質的量，計算出此有害物質的濃度做為該有害物質的水質標準。這樣計算的前提是，所有的水都會被身體所吸收，即最危險的條件。

在此介紹日本訂定甲醛的自來水水質標準的實例，為了甲醛的NOAEL，首先進行了兩年的實驗，在小白鼠的飲水加入甲醛，之後求得估計值為15mg/（kg・日）。接下來在考量不確定性係數時，考慮了小白鼠和人體的差異（設為10）、人體的個別差異（設為10）、入浴時自來水加熱及吸入等過程（設為10）共三種不確定性產生的因素。因此最後的不確定性為1,000 （即10×10×10）。因此，每日容許攝取量為15mg/（kg・日）÷1,000 = 15μg/（kg・日）〔即0.015mg/（kg・日）〕。

其次，人攝取的甲醛之中假設有20%是從飲用水攝取而來，這樣的話，從飲用水攝取的上限就是15μg/（kg・日） 的20%，即3μg/（kg・日）；這個值是1kg體重為單位的攝取上限，所以若是體重為50kg的話，1日的攝取上限就會是150μg/日；而每個人若每天喝2L的水的話，那容許的濃度就是150μg ÷2L＝75μg/L＝0.075mg/L，約為0.08mg/L。因此，甲醛的自來水標準在日本訂為0.08mg/L。

有害物質的環境標準

在日本，實際上有害物質的環境標準，有些項目並非是在完全得到相關科學實驗證據下訂定的。實際上，訂定標準時也出現，如果訂了達不到的標準那會造成業界很大的困擾這樣的意見，因此現行標準訂定時也可視為一個和現實（企業污染控制成本）妥協的結果。

但是，當今的標準還是遵循「對人類健康不會造成影響」這個「環境基本法」裡的基本原則。因此，也是儘可能從實驗數據中估算各個有害物質的NOAEL，再加以換算成其每日容許攝取量，再考慮每人每天呼吸的空氣量和自來水飲用量，換算成大氣和自來水裡的有害物質濃度做為環境標準。

某些物質環境標準設定時，若在其他法規裡已有標準值的話，則直接沿用其他法規現有的標準值，以維護不同法規之間的整合性。例如在「水質環境標準」（健康項目）裡設有自來水的環境標準，而「土壤環境標準」（根據溶出試驗結果設定），都是設定同樣的數值。

但是也有部分例外，例如在戴奧辛類的土壤環境標準設定時，從溶出試驗得到的土壤滲出水中的濃度並未採用水質環境標準（請參閱第四章）。這個原因是因為戴奧辛類的有毒物質幾乎不溶於水，而且土壤和水及空氣不同，一般人並不會直接食用土壤，因此不宜用自來水的水質標準反推土壤中的濃度。所以用曝露的情境分析，算出土壤中的戴奧辛可能會進入人體的量。

考慮的曝露情境包括因風吹起土壤造成人體吸入土壤（經口攝取）、土壤附著於人的皮膚（經皮膚吸收）及小孩玩沙子時不小心吃進沙子（經口攝取）等含戴奧辛類有毒物質進入人體的情境。由於小孩玩沙吃到沙子發生的情形比大人吃到的還多，因此在攝取量上也假設地較多。其次，估算經由消化器官、肺、皮膚，估算可能的戴奧辛類有害物質被人體吸收的量。如果這個量比每日容許攝取量還低的話，就應該不會造成太大的問題。

這些假設的條件，都是用最壞的情形估算。比如完全沒有人造鋪面和植物生長，全是沙土裸露的地面上，持續居住三十至七十年的狀況。這些在現實上其實都很難發生。例如在裸露的土壤上居住三十年，常識上是一定不會發生的事。裸露的土地上，經過一定時間大致都會雜草叢生，或是被人為利用成果園、菜園，或蓋建築物、鋪設人工地面等。所以土壤被風吹揚的量在現實中其實會非常的少。所以，假設最壞的條件，裸露的土壤持續三十年，在這樣嚴重的情況下，設定該有的環境標準。

這樣算出的環境標準為，土壤1kg中的戴奧辛類有害物質含量1,000 pg（1pg為兆分之一g）。這樣的情境下，每人每日將攝取（曝露於）戴奧辛類有害物質為濃度為1,000pg/kg的土壤，戴奧辛類的有害物質的量將為體重每1kg攝取0.11至0.97pg。而戴奧辛類有害物質的每日容許攝取量經計算為體重每1kg每日4pg，而目前日本人從飲食等平均體重每1kg攝取1.35pg的戴奧辛類有害物質。所以剛剛計算的從土壤攝取到的0.11至0.97 pg的程度還尚未超過每日容許攝取量的4pg。因此最後決定土壤1kg中的戴奧辛類有害物質含量1,000pg為環境標準〔註：戴奧辛這樣的化合物並不會單獨存在。在日本法規或環境標準對象是類似化學結構的二十九種化合物的集合，總稱為戴奧辛類化合物。因各個戴奧辛類化合物的毒性多少有差異，在估算戴奧辛類的量時，是用毒性最強的2,3,7,8-TCDD的重量做為基準，將其他種類的化合物換算為2,3,7,8-TCDD的當量。因此，戴奧辛類有害物質含量1,000 pg所指的是和2,3,7,8-TCDD一樣強毒性的化合物共有1,000pg（正式的表示方式為1,000 pg-TEQ），實際的總重量可能大於此值也不定〕。

NOAEL為零的物質之環境標準

依照上述的說明，有害物質的環境標準是以每日容許攝取量決定。但是，在1996年訂定苯和三氯乙烯等大氣環境標準時，還沒使用這樣的計算方法。這些大氣污染物質的曝露量再怎麼小，其致癌率都不會為零，因此NOAEL為零。這樣的話，大氣中的排放濃度不可能管制成零。現實上，汽車的排氣就含有苯，在道路沿線都可以監測到一定濃度的苯存在。

因此對於這樣的大氣污染物，環境標準的訂定方式為，若含有這類物質的空氣一輩子持續吸入的話，因為這樣每10萬人會造人1人以下得癌症死亡的濃度，將此濃度設為環境標準（如**圖7-4**所示）。而這樣的比例稱為生涯死亡風險，但是十萬分之一以下和其他死因相比，這個比例已經相當地低，應該是社會能接受的標準，而訂定出來。當然，因風險並非為零，排放濃度就算低於環境標準還是有可能會造成人引發癌症死亡。

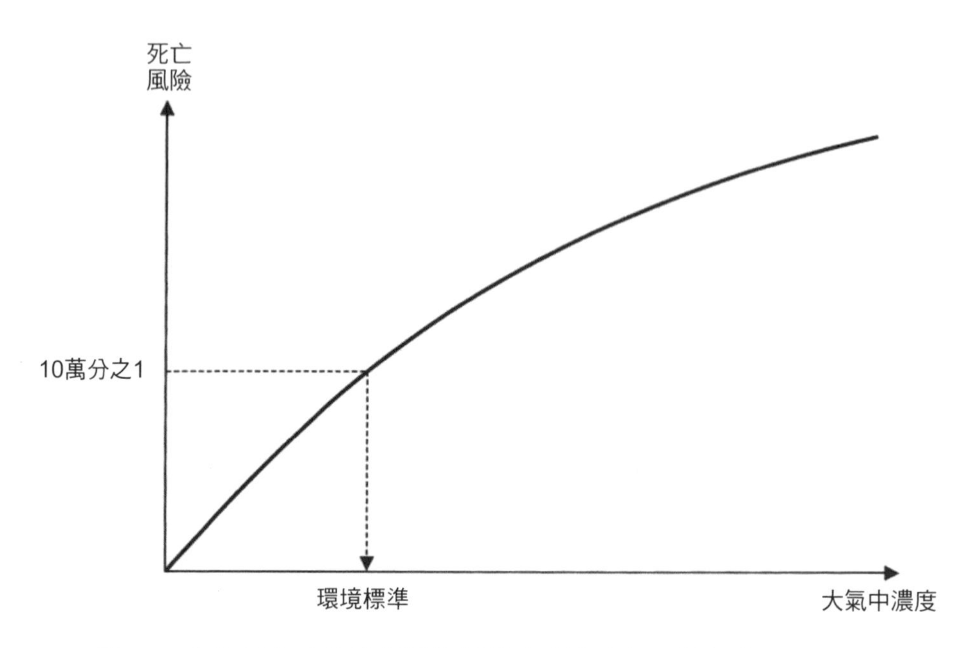

圖7-4　無觀察危害反應劑量為零的物質之大氣環境標準的設定方法

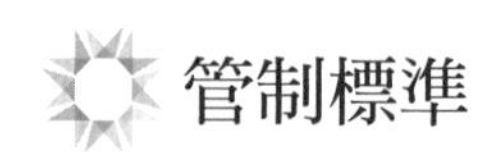

管制標準

K值管制

環境標準是行政目標，中央及地方政府都必須努力讓大氣、水及土壤中所含的污染物質濃度低於環境標準以下。但雖然有目標值，若不能讓污染物濃度低於環境標準以下時，也並非一定要處罰某個特定對象。

為了達到環境標準，因而制定相關的管制標準。噪音的領域是稱為管制標準；排氣的話則稱為排氣標準；廢水的情形則稱為排放水標準。

管制標準的適用對象包括個別的事業場所、汽車等的污染物質排放源。若某工廠排出的污染物質超過管制標準的話，必須接受當地縣市政府的輔導，如果之後還是被查出同樣情形的話，就依罰則處罰。汽車的情形，則須定期接受車檢，若排氣超過排出標準的話，車檢就不合格。

在排氣標準（排氣）和排放水標準（廢污水）中，通常是以污染物質濃度決定。例如，有害物質的排放水基準，是以環境標準的10倍的濃度訂定。這是因考量從排水口流出的水到達下游河川時，通常會被稀釋10倍以上。

但是只有大氣中的硫化物不是用濃度標準規範，而是採用K值標準的一個特殊規範方式。由於硫化物比空氣重，若從高處的煙囪被排放的話，會慢慢落（沉降）到地面。這時，沉降到地面的硫化物的濃度最大的地方的濃度，稱為最大著地濃度。最大著地濃度不能超過二氧化硫的環境標準，因此工廠必須控制煙囪的排氣量稱為**K值管制**（排出標準是用二氧化硫和三氧化硫的混合物硫氧化物決定；環境標準是由二氧化硫濃度決定）。

K值管制是指對每個煙囪，每小時內的硫氧化物排放量設定一個排出容許量的上限。因此為了有效管制，必須先瞭解排氣從煙囪排出擴散的影響因子。若煙囪愈高的話，排氣從比較高的地方擴散出去，能擴散的範圍會比較廣，最大著地濃度會變得比較低。另外，若排氣的氣流速度（流速）比較快的話，排氣能在高空擴散，也和煙囪加高有類似的效果。另外，若排氣的溫度比較高的話，排氣會變得較輕往高空上升，也一樣能達到從高處擴散的效果。因此，若煙囪加高、排氣的流速加快或排氣的溫度提高的話，排出容許量就會變得更大。

因此在K值管制中，利用煙囪高度、排氣流速與排氣溫度，三個參數算出的K值決定排出容許量，也因此才稱為K值管制。有許多煙囪近鄰的工業區，為了讓整體環境能達到環境標準，因此必須用地域的總排放量來考慮；所以在工業區的標準會較嚴（K值的標準會設定得較小），降低各個煙囪排出量的上限，才得以管制地域的總排放量。

其他國家對二氧化硫的排出標準一般是以排氣濃度訂定（非地域的

總排放量管制）。日本在1968年為止也採用濃度管制，但是當時日本工業都市的整體環境沒有辦法達到二氧化硫的環境標準，因此廢止濃度管制，改而採用K值管制（總量管制）。

工廠的排放量削減策略

在工廠等污染物質排放源密集的大都市裡，即使各個排放源必須遵守各自的排放標準，有時也很難達到整體的環境標準。在這樣的地域，日本目前採用的做法是訂定總量削減計畫，規定地域裡全部被排放的污染物質的總量，也因此大都市的工廠等污染管制標準會較一般的標準嚴格。

正在進行的總量削減計畫包括：

1.大氣污染：

(1)硫氧化物二十四個地區：

①氮氧化物：東京都特別區等、橫濱市等、大阪市等三個地域。

②汽車排出的氮氧化物和懸浮微粒：首都圈、愛知・三重、大阪・兵庫圈。

2.水質污濁：化學需氧量（COD）、氮、磷：東京灣、伊勢灣與瀨戶內海三個水系。

此外，地方政府可以依據不同地域的特性，自行制定比中央更嚴格的環境標準，稱為「追加管制」（日文：上乗せ規制）。例如，滋賀縣內的琵琶湖是近畿地區約1,400萬人的水源，由於四周被山包圍，滋賀縣內產生的廢水幾乎全部都會流入琵琶湖。為了保護琵琶湖的水質，滋賀縣內的工廠被要求遵守比中央排放水標準更嚴格10倍的標準。

此外，工廠、發電廠、廢棄物掩埋場等設施在選址的時候，業者和該地的地方政府會特別協商，訂定公害防止協定，在協定中這些設施必須遵循比中央的環境標準更嚴格的規範。雖然這些協定並沒有正式的法律效力，只能算是君子式的協定，但在日本全國已約有4,000件這樣的協定締結。

日本全國層級的法律規範的管制標準，和國外的管制標準並沒有太大差別，並不能說是特別嚴格。但在實際的地方層級，包括工廠等地的總量管制、追加管制、公害防止協定等許多管理策略實行下，實質上管制標準和其他國家相較的話，日本算是相當嚴格。

另外在工廠方面，一般認為工廠可能都是將污染物質排放量削減到剛好滿足排放標準，但目前的調查顯示，有部分工廠將排放量削減到比排放標準低很多。這些工廠透過調整生產量或設計加裝污染防治設備，讓排放量與污染物濃度距排放標準還能保持一定的緩衝餘裕。

此外，即使不特別訂定法規限制，也有不少工廠自主性地減少污染排放量。日本於1999年制定的「化學物質排出與轉移申報制度」（Pollutant Release and Transfer Register, PRTR）（日文：化学物質排出移動量届出制度）是規定業者必須將使用的規範對象內各種物質的來源、環境排出方式、委託處理方式、運輸過程等詳細資料精確統計和公開，並定期向都道府縣等地方政府申報。這些資料若一般人士向環境省等單位詢問的話，也可以取得。

自PRTR制度實行以來，該制度對象物質的排放量有減少的趨向。從減少最多的甲苯來看，全部行業的排放總量從2001年的12萬3,546萬公噸，一直減少至2006年的10萬1,807公噸，五年間共減少了20%。而就算沒有法規限制下，慢慢的許多工廠因為使用狀況有系統性的統計，也都進行自主的排放量削減計畫。

專欄　無觀察危害反應劑量（NOAEL）

很多情況，就算曝露於有毒物質的環境下，在濃度低於NOAEL以下的狀況下，應該不會有什麼影響。生物本身就具備對付微量有毒物質的能力。

進入人體內的有毒物質，有一部分會隨排泄作用排出體內，也有一部分會在肝臟被分解。有毒物質或破壞細胞的基因和蛋白質，但某種程度下細胞會有自我修復的能力，或是產生新的細胞取代壞死細胞。因此若曝露量在細胞對應能力範圍之內的話，就不會有不良影響出現。

以喝酒為例，若不是特別喝酒很弱或對酒精敏感的人，吃了添加酒的飲料或點心也不會醉。這也是因為在這樣的過程內，酒精的曝露量還在肝臟的應對範圍裡，即NOAEL以下的狀況。

癌症的狀況又是如何呢？癌症是正常細胞的基因，在某種因素下突變開始。但不是只有一次突變就會導致癌症，一般認為是經由數個階段的突變發生。

正常的細胞若接觸致癌物質，基因會發生損傷而變成異常的細胞。引起這樣作用的致癌物質也稱為引發者（initiator）。突變的細胞並不會馬上轉變成癌細胞，會由其他種類的致癌物質〔在此階段稱為促進者（promoter）〕再加速原來細胞基因突變的情形，使突變細胞變成癌細胞（癌化），開始進行異常增殖（如**圖7-5**所示）。

若正常細胞吸收一個分子的引發者的話，會與構成基因的DNA分子進行反應，導致基因異常。因此可認為引發者的NOAEL為零（因為一定會發生）。苯就是扮演這種角色的引發者之一。

另一方面，促進者有NOAEL值。在突變的細胞癌化之前，生物

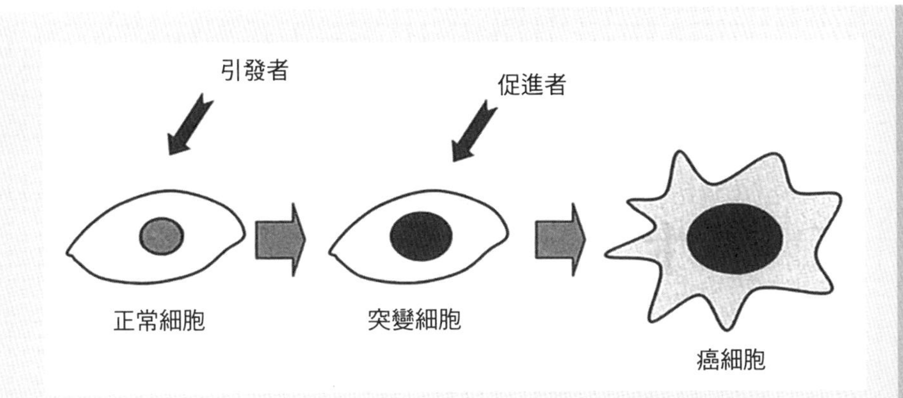

圖7-5　正常細胞癌化的過程示意圖

體內的自我修復能力還是持續作用。雖然戴奧辛類有毒物質有很強的致癌性，但扮演的是促進者的角色，所以存在NOAEL值。

值得注意的是，香菸的煙同時具有引發者和促進者的作用，因此是很強的致癌物質。

Chapter

8 臭氧層

引言

臭氧層的保護是世界上少數根據科學界的發現，由國際社會一起努力成功的環境保護運動。

1974年當美國的化學家警告噴霧罐裡面的氟氯碳化物瓦斯會造成地球上空臭氧層嚴重的破壞時，全世界都半信半疑。但是發現南極上空的臭氧層愈來愈稀薄，並觀察到巨大的臭氧層破洞開始，全世界主要經濟體才一起共同推動氟氯碳化物的管制措施。現在包括開發中國家也一起參與，近年的科研結果預測在二十一世紀中期，南極上空的臭氧層有可能恢復1980年代的水準。

第八章將依序介紹南極上空的臭氧層破洞的成因、臭氧層的作用、因應的策略及所需要的成本等。

»»» 關鍵字 »»»

電磁波、紫外線、氟氯碳化物、臭氧、蒙特婁議定書

紫外線

電磁波

為了探討臭氧層的作用，首先必須瞭解紫外線等的原理。

現代化的生活裡不能缺少光和電波。若沒有光的話，我們無法看到東西；若沒有電波的話，電視和行動電話等現代生活不可或缺的電器用品都無法使用。光和電波都是電磁波的一種型態，而紫外線也是其中之一。

電磁波是藉空間傳遞的波的一種。聲音雖然也是波的一種，但是若沒有空氣或水等讓音波傳遞的媒介，音波就無法傳遞。不過電磁波的特徵是在真空中也能傳遞。

和音波一樣，電磁波也有頻率（請參閱第五章），單位通常以赫茲（Hz）表示，即在某地點1秒之內通過的波數。兩個波峰之間的距離定義為波長，而波長乘以頻率就是波在1秒之內前進的距離，亦即波的速度（波速）。電磁波在真空狀態中傳遞的波速和波長與頻率無關，一直都是以近乎光速前進（1秒約30萬公里）。本來光也是電磁波的一種，因此在真空狀態中，速度應該一樣才是。

電磁波的性質因波長而異，利用方式也不同，常見的電磁波特徵如**表8-1**所示。

波長若大於1cm的話，通常被簡稱為電波，使用於無線通訊。AM廣播電波的波長範圍為1km以下到數百公尺，FM廣播電波為數公尺到數十公分，行動電話使用的波長範圍則為數十公分。

微波爐的原理是利用電波讓食物所含的水分子振動，而溫度就是分子振動的激烈程度的表現。因此，隨著水分子的激烈振動，使得水溫度升高，連帶食物整體的溫度也會升高。

表8-1　一般常用的電磁波種類

種類	頻率（Hz）	波長	應用例子
伽馬射線	約3×10^{19}	約10^{-12} m（10pm）	醫療
X射線	約3×10^{16}	約10^{-8} m（10nm）	X射線攝影
紫外線	約3×10^{15}	約10^{-7} m（100nm）	殺菌燈
可視光	約3×10^{14}	約10^{-6} m（1μm）	光學機器
紅外線	約3×10^{12}（3 THz）	約0.1 mm	紅外線加熱器
亞毫米波	約3×10^{11}	約1 mm	光通信系統
極高頻（EHF）	約3×10^{10}	約1 cm	雷達
超高頻（SHF）	約3×10^{9}（3GHz）	約10 cm	微波爐、行動電話
特高頻（UHF）	約3×10^{8}	約1 m	電視通訊
甚高頻（VHF）	約3×10^{7}	約10 m	FM廣播、電視訊號
高頻（HF）	約3×10^{6}（3MHz）	約100 m	民間無線通訊
中頻（MF）	約3×10^{5}	約1 km	AM廣播
低頻（LF）	約3×10^{4}	約10 km	海上無線電
甚低頻（VLF）	約3×10^{3}（3kHz）	約100 km	長距離通訊
極低頻（ELF）	約50	約6,000 km	配電線、輸電網

註：頻率的單位為赫茲（Hz），有些欄位數字較大，這些地方會使用k：kilo，1000倍（10^{3}）；M：mega，100萬倍（10^{6}）；G：giga，10億倍（10^{9}）；T：tera，1兆倍（10^{12}）等數學縮寫符號表示。

相反地，有些欄位數字較小的地方會使用m：milli，千分之一倍（10^{-3}）；μ：micro，百萬分之一倍（10^{-6}）；n：nano，十億分之一（10^{-9}）；p：pico，兆分之一倍（10^{-12}）等數學縮寫符號表示。

波長若再短些，在400至800奈米（nm，10^{-9} m）的範圍的話，電磁波就能被人的眼睛感覺（看）到，即可見光。波長若長些的話，光線會偏紅；波長若短點的話，光線就會偏藍。若比紅光波長再長一點的話，人的眼睛又無法辨識，就變成紅外線；同樣地，若比藍光波長再短一些的話，也是人眼無法辨識的紫外線。

比紫外線波長更短的電磁波穿透物體的能力很高，因此像X射線就常被用在醫療檢查。比X射線波長再短的伽馬射線則被用於癌症治療。

紫外線的性質

紫外線是比可見光波長再短一些的電磁波。

波是能量的一種，所以有很廣的應用。如**表8-1**所示，無線通信的電波可以傳達情報，微波爐的電波可以加熱食物，在現代生活裡這些電磁波的利用對文明社會有很重大的意義。紫外線的能量和原子間的結合力（化學鍵）強度很接近，因此若某分子吸收紫外線的話，本來以接近相同能量結合的原子有可能會被切斷，這個情形如**圖8-1**所示。紫外線依波長不同，會被不同的分子吸收。

由基因組成的分子DNA（脫氧核糖核酸）若吸收紫外線的話，原子之間的鍵結會被切斷，若有一點損傷的話，細胞可以自己修復。但是若損傷太大了話，細胞無法自行復原就會死亡。所以強紫外線的環境不適合生物棲息。

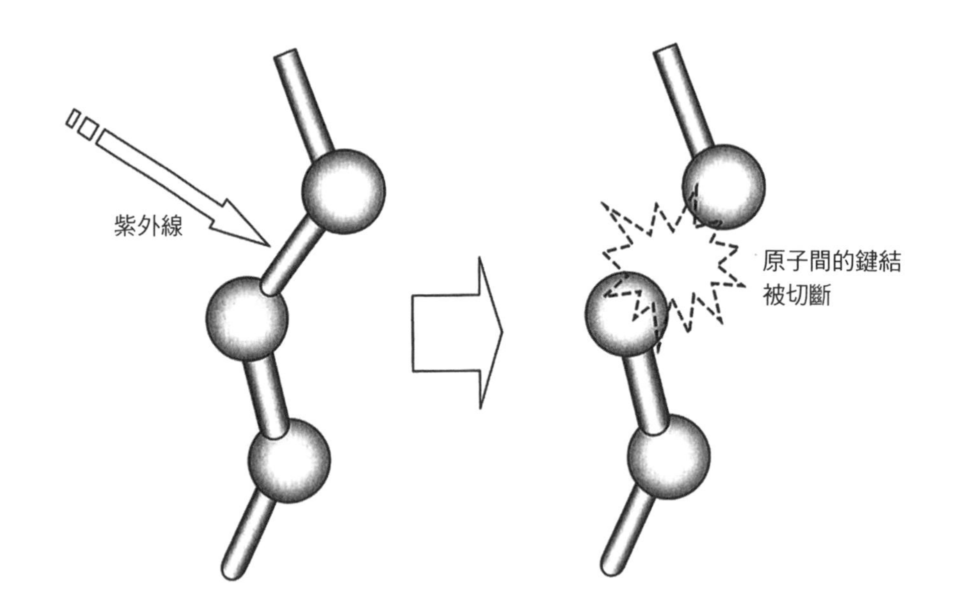

圖8-1　紫外線將原子間的鍵結切斷的示意圖

利用紫外線殺死細菌的方法自古代到現代都一直使用。在日本以前在季節交替的時候都會進行「曬蟲」（日文：虫干し），將在衣櫥內放置一段時間的衣物拿到外面日曬，讓陽光把舊衣服裡的細菌和蟲殺死。而日本的公共浴場（錢湯）也常設有看起來是藍光的紫外線燈管，利用紫外線消毒公用的梳子。

生物上陸的時候

地球上的生命約誕生在三十五億年前。最初生命誕生的過程現在仍眾說紛紜。有學者認為是在海裡自然發生，也有人認為是從外太空飛到地球。但可以肯定的是，最初地球上的生命是在海裡，而非在陸地。

太古時代，陸地曝露於太陽光輻射（請參照第九章）的紫外線，強度比現在高了許多。所以即使陸地上有生命存在，也很快就會被強烈的紫外線殺死，因此只有在海中才能提供讓早期生命適合生存的環境。

而生物得以出現在陸地上的原因，應該是生物在海裡慢慢演化的結果。主要的轉捩點是藍藻的出現。藍藻類的生物可以行光合作用，將大氣中的CO_2和水轉化為碳水化合物和氧氣。因此，隨著藍藻類生物的增加，海水裡大量進行的光合作用下，海水裡的溶氧及太古時代大氣裡的氧氣也慢慢增加，這大約是離現在二十七億年前的事情。

氧氣的分子（O_2）是由二個氧原子結合而成，若氧氣分子吸收紫外線的話，紫外線的能量會將氧原子間的鍵結切斷，形成兩個獨立的氧原子（O）。因為獨立的氧原子非常地不安定，會很快和別的氧分子結合，形成三個氧原子的臭氧（O_3）。而類似的狀況，臭氧分子吸收紫外線，分解成氧分子和氧原子的情形也會存在（如圖8-2所示）。

若存在一定量的氧氣的話，這樣的反應會一連串的不斷進行，藉由吸收紫外線，不斷生成臭氧。因此，上空平流層的臭氧層在長久的時間下慢慢形成。

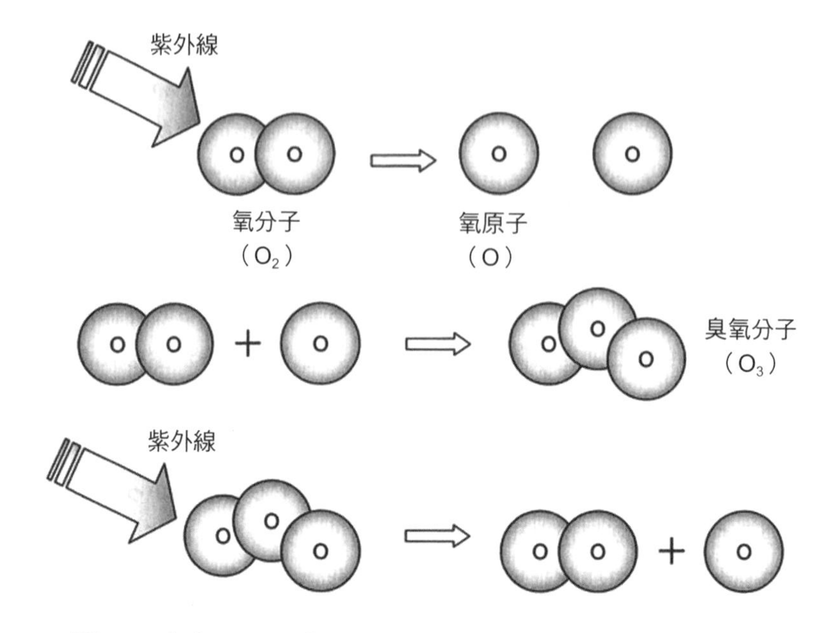

圖8-2　氧氣分子吸收紫外線後形成臭氧分子的過程示意圖

距今四億年前，大氣中的氧氣濃度大約上升到現在的十分之一，而平流層的臭氧層也吸收了一定程度的紫外線，因此生物慢慢演化到可以在陸地上生存的層級，開啟陸地上的生命史。

之後，植物在海陸兩地都大量繁殖，光合作用更活潑，生成更多的氧氣，大氣中的氧氣濃度日漸升高，大概在二億年前，大氣中的氧氣濃度升高到現今的規模。因此，現在人類可以在陸地上生存，呼吸氧氣而不被紫外線殺死，都是拜植物所賜。

氧氣是反應性很高的物質，很容易和其他物質結合，稱為氧化作用。若地球上植物消失，氧氣就無法被供應。這樣的話，大氣中的氧氣就會和地上鐵結合而慢慢減少，最後地球就和火星一樣表面被紅色的氧化鐵所覆蓋，成為大氣中沒有氧氣的行星。

紫外線強的地域

直到現在，沒有被臭氧層完全吸收的紫外線仍源源不絕地抵達陸地表面。那地表面紫外線最強的地方在哪呢？不是在上空有臭氧層破洞的南極。紫外線既然是太陽光的一部分，所以在太陽光強的地方，紫外線就強。

圖8-3是在春分和秋分的時候，單位面積單位時間裡太陽光強度的示意圖，太陽光愈強的話，陽光的箭頭就愈多。因太陽光直射的關係，太陽光在赤道正下方最強。而愈遠離赤道的話，由於地面和太陽光的夾角愈來愈大，因此地面接收到的太陽光能量也愈低，代表太陽光強度的箭頭數也愈少，到了極地幾乎極微。因地軸傾斜的關係，各地太陽光的強度都會因季節而異，平均而言，愈低緯度的地方太陽光愈強，因而紫外線也愈強。

而同緯度的地方，也會因地形及氣候的關係，日曬程度也會有很大差異，而甚至也需要考慮海面和雪面造成太陽光的反射效果。

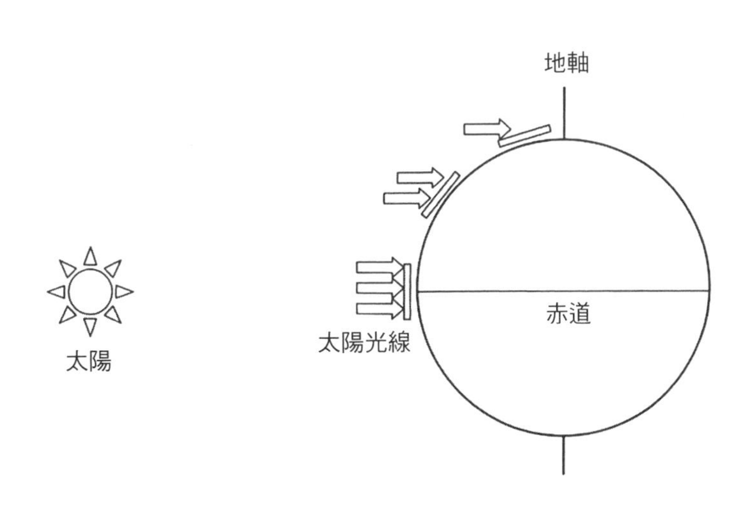

圖8-3　抵達地球表面的太陽光在緯度愈低的地方愈強

健康影響

紫外線會造成對人體一些不良的影響，最代表性的就是皮膚癌。

皮膚癌的發病有很多影響因子，例如人種即是其中之一。肌膚顏色愈黑的話，皮膚癌的發病率就愈低。主要的原因是皮膚中的色素會吸收紫外線，保護DNA不被直接傷害。而統計顯示，即使同一人種，男性會比女性容易罹患皮膚癌，原因還不明朗，但也可能和男性較常在戶外長時間運動有關。

即使是同樣的人種，同樣的性別，在紫外線較高的低緯度國家，罹患皮膚癌的發病率也會比較高。例如在澳洲居住的英系白人，皮膚癌發病率是英國白人的約2倍高，在巴西居住的日本移民其皮膚癌發病率也較日本人高。

除了造成皮膚病變之外，紫外線也會對眼睛產生不良影響，如白內障，會使眼睛裡的水晶體退化變得白濁。

由於在平流層吸收紫外線的臭氧層被大氣污染物質破壞，紫外線直接抵達地面的強度變高，這個影響就像我們搬到更低緯度的地方狀況相同。因此，因紫外線導致的皮膚癌和白內障等疾病必須及早預防。政府相關單位應儘快調查低緯度類似人種、性別的居民的發病率以供健康管理參考並採取預防措施。

鹵化烷和臭氧

二十世紀裡，人類製造了許多合成物質。確實，生活更便利了。

鹵化烷是指由氟、氯、溴等鹵素族和碳結合的化合物群。鹵化烷的特徵是化學上非常地安定且對人體無害。由於結構上碳原子個數很多，因此沸點很高，在室溫下，氣體、液體和固體存在的物質都有。

以鐵氟龍為商標名稱的聚四氟乙烯，也是鹵化烷的其中一種，在長碳鏈裡含有氟素因此溶點高，在常溫以固體存在具不燃性。若將它塗在平底鍋表面的話，則不易造成食材黏沾，非常容易使用。

過去鹵化烷之中有許多種類的化合物大量被製造使用，其中包括氟氯碳化物（chlorofluorocarbons, CFC）。氟氯碳化物最早是於1921年為美國所研發製造（商標名為氟利昂）（在日本的通稱為「フロン」[flon]）。

夢幻物質

氟氯碳化物在室溫可以氣體和液體兩種形態存在。因為無害、沒有腐蝕性、不易燃燒、容易揮發、和許多物質互溶，許多便利的特性集於一身，因此被廣泛利用。開發之初甚至被稱為「夢幻物質」。

氟氯碳化物用途裡最重要的就是冷卻劑。在醫院裡，消毒用的酒精也有冷卻劑的效果，當消毒紗布上的酒精塗在皮膚時，皮膚的熱量會將酒精氣化，把氣化所需熱量帶走，因此會感到清涼。氟氯碳化物也具有這種性質，因此，當時大量使用於冰箱的冷媒。

而由於氟氯碳化物容易氣化，因此製造海綿時所需的發泡劑也大量使用氟氯碳化物。而許多物質容易溶解於氟氯碳化物，所以也被大量用於噴霧罐中的噴劑。

在歐美，氟氯碳化物多被使用於噴劑或冷卻劑；在日本則是主要用做為洗劑。由於油容易溶解於氟氯碳化物，因此大量被使用於半導體與精密機械工廠裡。電子機器核心的積體電路製造時，必須最大限度地減少灰塵微粒附著在上面，因此在無塵室裡，利用氟氯碳化物徹底洗淨材料。就算有一點點灰塵都可能使積體電路完全失效，因此氟氯碳化物做為洗淨劑在製程中被大量使用。

臭氧破壞的機制

由於過於便利，全世界使用的氟氯碳化物慢慢地擴散至平流層，破壞該處的臭氧層。若臭氧層的濃度變低的話，抵達地面的紫外線會增強，皮膚癌及白內障等疾病的發病率也會增加。

因為氫氣與氦氣比空氣輕的關係，若被排放到大氣的話，會一直上升。但像氟氯碳化物較重的氣體，就算被排放到大氣中，也不會快速上升，而是隨時間增加，在十年或數十年後，慢慢擴散上升到平流層。

從太陽放射出的紫外線主要是被平流層的臭氧吸收。若氟氯碳化物抵達平流層後，吸收紫外線的話，紫外線的能量會把氟氯碳化物裡碳原子和氯原子中間的結合力（鍵結）切斷，放出氯自由基（Cl^-）。氯自由基非常不安定，會很快和附近的臭氧分子結合，生成氧分子（O_2）和一氧化氯（ClO）。而在此階段生成的一氧化氯一樣是很不安定的物質，因此馬上會分解成氧原子和氯自由基。讀者可發現，氯自由基又再度被生成，繼續破壞周邊的臭氧分子，形成恐怖地連鎖反應（如**圖8-4**所示）。

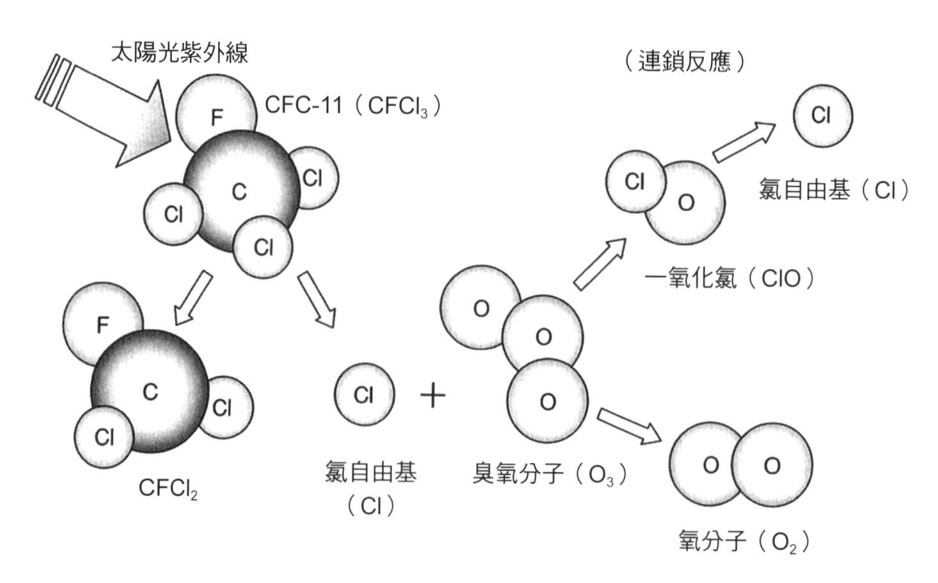

圖8-4　平流層中氟氯碳化物破壞臭氧的機制示意圖（以CFC-11為例）

實際上發生的連鎖反應，比上述的情況更為複雜，一開始從氯自由基與臭氧分子反應，在一連串的反應後，最後生成的是氯自由基和氧氣分子。若只看反應前後的話，氯自由基與臭氧分子反應前後，其型態並未改變，而之後產生的氯自由基會再進而分解臭氧分子。因此氟氯碳化物釋放出的一個氯自由基會將周邊的臭氧分子幾乎完全破壞，導致臭氧層的濃度以極快的速度降低。

為何臭氧層破洞會出現在南極？

僥倖的是，臭氧分子和氯自由基反應生成的一氧化氯也有可能會和其他物質反應，而這個情形下就不會再生成氯自由基，臭氧層也就不會再被破壞，稱為氯自由基的「非活性化」。在平流層裡氯自由基「非活性化」的可能性也不少，因此氯自由基不會將臭氧層完全摧毀。

但是，南極上空因為存在特殊的氣象條件，有可能使已經非活化的氯自由基又再度活性化。

南極大陸周邊上空，存在順時鐘方向的渦旋氣流，而中心部的南極點上空的大氣一般是保持安定的狀態。而到了冬天的八月份（南半球和北半球夏天和冬天的月份是相反的）的話，平流層底下的大氣溫度會成為－80℃。在這樣安定而低溫的氣象條件下，會出現由水和硝酸的微粒子組成的極圈平流層雲（polar stratospheric cloud）。在這樣的微粒子表面，會引起化學反應，使非活性化的氯自由基轉化成其他的物質。在太陽光量很少的南極冬天，轉化成的物質會安定地存在，在大氣中累積。但是到了春天（九至十一月）的話，增強的太陽光量會將此轉化物質分解，因此大量的氯自由基又會被釋放出來，再次破壞附近的臭氧層，使得南極上空的平流層之臭氧濃度急速降低。這也是所稱的臭氧層破洞現象。

其實臭氧層破洞這樣的用詞容易讓人誤會。南極上空的臭氧層並非真的完全破洞，而是該處比平常時的臭氧濃度降低60%以上的狀態稱為臭氧層破洞。

那北極會出現類似的問題嗎？

因為南極大陸的周邊都是海，所以安定的渦旋氣流容易形成。但值得慶幸的是北極周邊是陸地，不像南極般有安定的氣流，所以極圈平流層雲不易形成，因此理論上不會造成像南極一樣的臭氧層破洞。但不幸地最近在北極上空也發現臭氧層濃度有愈來愈低的傾向，值得密切關注。

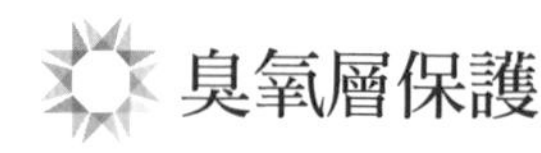 臭氧層保護

維也納條約和蒙特婁議定書

全球暖化和臭氧層破壞這類的全球尺度環境問題，光靠一個國家的努力很難解決，必須靠國際社會一起努力。因此國際條約扮演的角色很重要。

但是國家間存在許多利害關係，而且許多環境問題的原因在科學上仍尚未完全闡明（科學上的不確定性），因此國際條約裡往往無法決定許多具體詳細的對策。當遇到這種瓶頸的時候，首先用條約決定重要的架構。而基於條約的原則，在後續的議定書裡規範具體的法律義務。這是一個較有建議性的做法。而藉由這樣的流程，臭氧層的保護和對策的實施也成為一個國際社會成功合作的案例。

氟氯碳化物破壞臭氧層在現代是連小學生都知道的事情。但是1974年加州大學爾灣（Irvine）分校的F. Sherwood Rowland教授與Mario J. Molina博士後研究員在研究中指出這個問題時，全世界還不曉得這個問題會導致如此嚴重的後果。大家都不敢相信小小的噴劑竟然會讓巨大的臭氧層導致毀滅性的消失。

聯合國環境計畫署（UNEP）於1977年召開專家會議，這是全世界最

早討論臭氧層保護對策的國際合作的開始，當時全世界還是處於半信半疑的狀態。直到1982年，日本籍科學家在南極昭和基地上空大氣的臭氧層，全球首度觀測到臭氧層濃度急速降低的數據。當時觀測的本人甚至還懷疑是否是自己儀器故障。1985年，雖然關於保護臭氧層的維也納條約被制定，但全世界還是對此問題是否存在持疑。因此該條約僅擬定關於相互交流研究情報的促進與進行國際共同研究的大架構。在當時，科學證據充滿不確定性，無法協議具體的對策和各國的義務。

不過在該年年底，全球首次在南極上空觀測到臭氧層破洞，對全世界造成非常大的衝擊，也證實了Rowland教授等人的警告是正確的。於是1987年，規範氟氯碳化物排放的蒙特婁議定書正式被國際社會採納，全世界出現保護臭氧層的對策。科學界正式否定懷疑論，全面研擬相關對策。而Rowland教授與Molina博士也在1995年獲得諾貝爾化學獎。

即使蒙特婁議定書生效，但仍有不少科學家懷疑氟氯碳化物是否真的是臭氧層破洞的元凶。生產和使用氟氯碳化物的國家對是否大規模地削減使用量仍保持謹慎的態度。因此，蒙特婁議定書僅決定「部分」削減氟氯碳化物的生產量。

美國對管制氟氯碳化物採取非常積極的態度，但歐洲和日本則較消極。原因之一，在美國的消費者端，發起拒買使用氟氯碳化物的噴劑，給政府很大的壓力，美國政府不得採取積極的對應措施。

另外在美國還有一個更重要的理由。位於美國，世界最大的氟氯碳化物製造商杜邦公司於1988年成功研發出氟氯碳化物的替代品。因為杜邦公司已經在氟氯碳化物充分獲利，所以若在其他公司瓜分其市場之前強化氟氯碳化物的管制的話，之後杜邦公司還可以繼續以氟氯碳化物的替代品占有全世界相關市場的領先地位。因此美國為確保本國商業的優勢，大力推動氟氯碳化物的管制。而在之後，隨著決定性的科學證據慢慢出現，產業界也認為氟氯碳化物替代品的研發會是未來必定的方向，所以得以順利推行。

蒙特婁議定書經過多次改正，現在氟氯碳化物的削減對策已變得非常嚴格，管制的對象也更廣。目前已開發經濟體已禁止氟氯碳化物的製造和使用，開發中經濟體於2010年也預定全面廢止氟氯碳化物的製造和使用。

若沒有蒙特婁議定書，氟氯碳化物的消費量在2010年預估會高達每年300萬公噸，2060年增加為每年800萬公噸。世界銀行預估，這些氟氯碳化物的消費量將導致2050年可能有2,000萬人罹患皮膚癌及1億3,000萬人罹患白內障。而依據之前的統計資料，全世界的氟氯碳化物使用量在1986年為110萬公噸，至1999年，雖然已劇幅削減但仍有15萬公噸。

但一個問題是大氣中的氟氯碳化物是以緩慢的速度擴散上升，因此即使現在地面上新的排放量減少，臭氧層仍不會立刻回復。地球的臭氧層全量從1990年代前半到現在仍一直持續減少的狀態。2006年的臭氧層破洞面積是觀測史上第二位，僅次於2000年的面積。不過一個值得期待消息是根據最近的研究結果表示，在二十一世界中期有可能臭氧層濃度可以回復到1980年代的水準（譯註：聯合國2014年9月份最新的研究報告指出，平流層裡臭氧層濃度在本世紀已有漸漸回復傾向，請參見http://ozone.unep.org/Assessment_Panels/SAP/SAP2014_Assessment_for_Decision-Makers.pdf）。

氟氯碳化物廢止的成本

氟氯碳化物若廢止的話，可以避免今後皮膚癌和白內障等疾病大幅增加的風險。但是若此夢幻物質不能使用的話，此成本也不是太低。

可燃性的瓦斯若用在噴劑裡非常危險，所以以前被法律禁止使用，改為不可燃的氟氯碳化物。但是由於氟氯碳化物會造成臭氧層問題被禁用之後，就沒有不可燃的噴劑可用，所以現在又改回可燃性的瓦斯。

例如，丙烷可用做噴劑，也可做為家庭用燃料。因此目前裝有丙烷噴劑上面會標明「小心起火」。但使用不當的話，丙烷噴劑有可能會變成火燄放射器，而且橫放的話也可能會爆炸。但若使用氟氯碳化物的話就不會有這些危險。因此技術的改變，將火災風險增加的成本成為減少臭氧層破壞風險的成本的一部分（還包括其技術開發、回收等相關成本）。

冰箱的冷媒（冷卻劑）也是一樣。為防止臭氧層破壞，將氟氯碳化物的氯原子一部分用氫原子取代的新冷媒被開發出來。雖然臭氧層破壞問題解決了，可是這種新冷媒若排放到大氣中，卻會促進全球暖化，為主要溫室氣體之一（請參閱第九章）。因此，之後又開發出新的冷媒異丁烷，不但不會破壞臭氧層，也不會造成溫室效應。可是一個很大的缺點是異丁烷為可燃性物質，若冰箱報廢處理時，異丁烷沒有回收完全的話，在處理廢冰箱時容易引發火災。因此和上一段的丙烷一樣，也是將火災風險增加的成本成為減少臭氧層破壞的風險的成本的一部分。

氟氯碳化物的回收和處理

日本為了讓蒙特婁議定書的規範在日本生效，於1988年制定保護臭氧層相關特定物質的標準的相關法律（「臭氧保護法」）。在該法中，以氟氯碳化物為主，於蒙特婁議定書規範會破壞臭氧層的污染物質被歸類為特定物質，明訂這類物質的製造、排放與合理的使用之相關限制和環境標準。但是因為蒙特婁議定書並沒有規定這類物質一定要被回收的義務，因此目前日本的「臭氧保護法」也沒有規定回收的相關規則。

但是冷氣機與電冰箱等家電中因老舊便成垃圾被丟棄的話，裡面的氟氯碳化物也會隨家電被丟到廢棄物中間處理設施，在垃圾破碎處理的過程，就可能全部被排放到大氣裡。

因此專家們對已經被使用的氟氯碳化物該不該回收，一直存在長久的討論。特別是冷氣機、電冰箱及車用空調設備，由於量很大，若其中的氟氯碳化物不回收處理會造成很大的問題。但日本中央政府始終沒有做出決定。因此部分環境意識較高的地方政府自發性地進行相關設備裡的氟氯碳化物回收和破壞工作。目前有些地方政府會將冷氣機、電冰箱等被歸為巨大垃圾類含有氟氯碳化物的物品，會先在專門的設施裡將家電裡的氟氯碳化物抽出並處理後，再將垃圾送到中間處理設施進行後續的破碎工程。

之後，日本中央政府總算在1998年在新頒布的「家電回收法」中制定氟氯碳化物應回收的義務。「家電回收法」的目的在促進體積龐大不易處理的廢家電的回收。其中的指定家電也包括使用氟氯碳化物的冷氣機、電冰箱等家電，因此家電製造業者被賦予必須連帶回收家電內的氟氯碳化物之義務（請參照第六章）。此外，關於業務用的冷氣機和冷凍冷藏機器裡的氟氯碳化物之回收和處理，於2001年訂定的「氟氯碳化物回收破壞法」中規定這類機器在破棄時，必須確實回收、處理機器內的氟氯碳化物。

因為氟氯碳化物當初是以化學性質安定的不燃物質為目標被開發出來，所以在處理上有很大難度。不過因其高溫可分解的特性，若使用一般廢棄物焚化爐或是水泥業使用的旋轉窯（式）焚化爐的話，可有效將氟氯碳化物燃燒處理。

專欄　蒙特婁議定書和京都議定書

1987年制定的蒙特婁議定書較之後1997年的京都議定書（請參閱第九章）早了十年。若將兩者做比較的話，蒙特婁議定書的進展非常地快速，而且包括先進國家全面廢止氟氯碳化物，甚至目標和規模都比一開始的設定值更超前許多。發展中經濟體也僅約晚了十年就開始進行類似的規範。

相較之下，京都議定書的進展相當緩慢，在京都議定書擬定的第八年（2005年）才總算生效，但主要溫室氣體排放國的美國卻未參加。

這兩者之間一個很大的差異，是關於全球暖化存不存在的問題上，由於科學上的不確定性一直無法被證實，加上為了各自的經濟發展，各國的意見一直無法統合。因此首先，在各國同意的範圍內，制定了類似維也納條約的架構，而基於此架構，再制定了包括各國溫室氣體減量目標的京都議定書。到此為止的階段，都和臭氧層保護的過程相同。但溫室氣體的減量實際上卻比氟氯碳化物的削減難上許多。

因為氟氯碳化物的製造僅限於先進國家（特別是美國），因此只要先進國家願意削減就可以。而且氟氯碳化物雖然廣泛被使用，但使用用途還是有限。甚至在技術上，氟氯碳化物的代替品也相繼被開發出來。

另一方面，二氧化碳會隨能源使用排放出來，而能源使用的範圍包括生活的所有層面，排放源包括整個社會甚至自然界，不可能在短時間就把排放量降為零。而且二氧化碳的排放限制包括經濟發展必要的能源使用和許多和生活息息相關的層面，這些限制對於整個經濟系統的衝擊如何降低至今仍無有效的對策，對發展中經濟體期待的經濟成長也很難解決。

Chapter

9 全球暖化

引言

二氧化碳會讓地球表面溫度愈來愈高這個問題已經廣為人知，但是地球表面為什麼被加熱的詳細機制可能就沒有那麼多人瞭解。因此在第九章將說明這些原因。若能瞭解這些機制的話，也能知道為何甲烷和氟氯碳化物等氣體會比二氧化碳對地球表面有更強的暖化效果。

其次，本章將討論全球暖化（在日本的通稱為「地球溫暖化」）未來預測進行時的困難點。全球暖化是人類當前重要的生存問題，媒體也經常報導，但是研究者的言論和估計值常讓人感到曖昧且沒有實感。因此政府和民眾也無法擬定有效的對策，特別是對導入經濟負擔的管理對策非常消極。

在本章最後也整理出一些當前防止全球暖化的有效對策。

»»» **關鍵字** »»»

輻射、紅外線、溫室氣體、IPCC、環境稅、排放權交易

全球暖化的機制

根據《岩波理化學辭典》第五版，溫度是「物體的溫暖和冷的程度之表示語」。

若以分子大小的尺度來看，溫度是原子和分子運動的激烈程度的表現。愈熱的物體，分子的運動也愈激烈；若降低溫度的話，分子的運動也會愈緩慢，最後僅以最慢的速度運動（不會完全停止）。在分子運動最慢的狀態即溫度的下限，這時的溫度稱為絕對零度，約－273.15℃。

熱是能源的一種形式，同樣的物體，溫度愈高的話，所含的能源也愈多。熱也會藉物體傳播。

若將鍋子放在點火的瓦斯爐上的話，很快把手的地方就會變熱。原因大家都很清楚，熱就會從鍋底傳到把手的關係。但是用原子與分子的微尺度來看的話，鍋子放在點火的瓦斯爐上時，底部的鐵原子會開始激烈振動。這個振動會傳到附近的鐵原子，在依續傳播出去，不久之後就會傳到把手部分的鐵原子，所以我們會感受到把手的溫度。

若鍋子變熱的時候，把火關掉。那之後又會慢慢變冷，最後和室溫相同。那鍋子的熱跑去哪裡了呢？根據能量守恆法則，能量不會平白無故消失。那鍋子的熱是跑到別的地方？還是變成別的型態的能源？也如大家可以想像的，鍋子的餘熱會把周圍空氣加熱，逐漸變冷，直到和室溫相同。但是否這麼單純呢？

如**圖9-1**所示，若手和熱鍋子愈來愈靠近的話，手會感受到「熱」。但若把一個板子放在手和熱鍋子之間，手就不太會感覺到熱。因此，從熱鍋子將類似熱的能量，藉由空間傳到手掌。若熱只藉空氣的傳導的話，就不會有這樣的結果。實際上，從熱鍋子會輻射（一般通稱為放射）出紅外線。沒有板子的話，手掌會接受紅外線的輻射，因此感覺到「熱」；若中間有個板子的話，板子會把鍋子輻射出的紅外線擋住（實際上是吸收

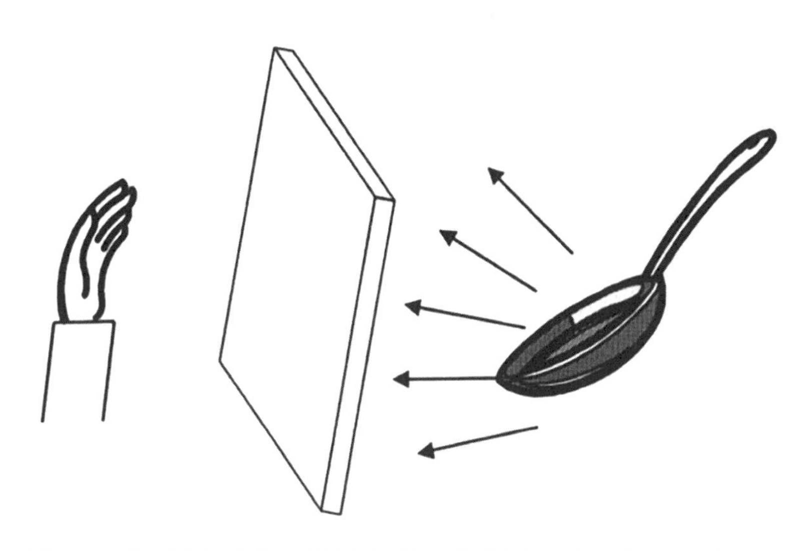

圖9-1　若手和熱鍋子中間有板子隔開的話，手不會感到「熱」

住），因此手掌就不會感覺到「熱」。

鍋子因為一邊將所保有的熱能量以紅外線的型態向外輻射的關係，一邊把和熱傳導到接觸鍋子的空氣，慢慢就變冷，最後和室溫相同。

若把熱鍋子放在遙遠的宇宙裡，那又會變得如何呢？在周圍附近什麼都沒有的真空空間裡，鍋子什麼都沒辦法加熱，所以只有紅外線輻射的方式把熱量釋出，慢慢變冷，最後會變成非常接近絕對零度的溫度。

輻射

事實上，不只熱鍋子，所有的物體，包括人體，都不斷地向周圍輻射出電磁波。溫度愈高的話，輻射的能量愈強，其能量的波長也會跟著改變（電磁波的種類可參照第八章**表8-1**）。輻射出的電磁波的波長可反推物體的溫度。物體溫度愈高的話，輻射出的電磁波波長愈短，詳細的資料如**圖9-2**所示。而請注意**圖9-2**不太一樣，橫軸裡愈往右波長愈短。

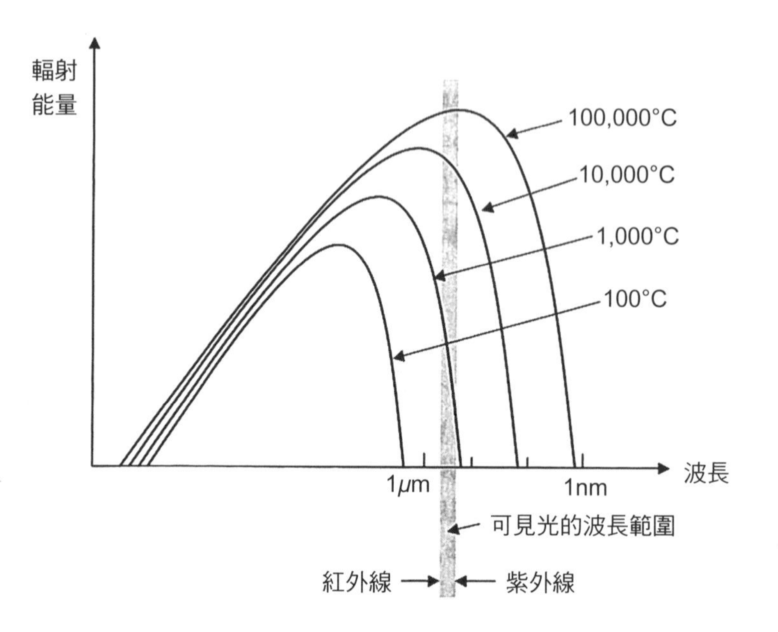

圖9-2　輻射波的波長分布

室溫之下，物體會輻射出紅外線，雖然人看不見紅外線，但實際上在室溫下物體都在「發光」，只是人感覺不到。但是若佩戴可看見紅外線的眼鏡或用紅外線專用相機的話，就可以看到這些紅外線。

在戰場上，黑暗中軍隊使用的夜視鏡就是利用這個原理偵察敵兵。因為人體的溫度比周圍空氣溫度高，所以人體向外輻射出的紅外線波長會較周圍物體輻射出的紅外線波長短。利用紅外線波長的不同，轉換成可見光的訊號，就可以在黑暗中看到敵兵的蹤跡。

物體的溫度若上升的話，約在1,000度前後輻射出的電磁波波長會變成可見光範圍裡的紅光。所以燃燒中的煤、火山噴出的熔岩、鍊鋼廠的液態的鐵都看得它們所發出的紅色。

若物體的溫度再上升，輻射出的電磁波就不是在可見光的範圍，而變成紫外線甚至X射線等（請參照**表8-1**）。太陽的表面約有6,000度，所以輻射出大量的紫外線（請參閱第八章的討論），但是輻射出最多的是黃色附近的可見光，所以我們看到的太陽會覺得是黃色。

物體的溫度再上升的話，輻射出波長短的藍色、紫色光，其能量強度會和同時輻射出的紅色或黃色光線一樣強，人的眼睛會看到白色光。若溫度再更高的話，藍光會比紅光相對更強，因此會覺得看起來是藍白色。

日本的中學理科教材裡，介紹宇宙星星（恆星）有許多的顏色。紅色的星星表面溫度較低，藍白色的星星表面較高。看到的星星的顏色就是反映其表面溫度的高低。

行星的溫度

2007年，一直被列為太陽系的行星之一的冥王星被降格為「準行星」，行星就剩下八個。依離太陽的遠近為水星、金星、地球、火星、木星、土星、天王星與海王星。除了金星之外，隨著離太陽的距離愈遠，行星的表面溫度愈低（如**表9-1**所示），這也是這些行星不會自己產生熱量所致。

表9-1　太陽和太陽系行星的表面溫度

星球名	平均表面溫度（°C）
太陽	6,000
水星	430
金星	477
地球	15
火星	−47
木星	−150
土星	−180
天王星	−210
海王星	−220

資料來源：金星、地球和火星取自IPCC（1990）。

在太陽內部，大量的氫原子進行核融合生成氦原子，產生大量的能量，向宇宙輻射出去。周圍的行星會接受到一部分輻射出的能量。因為離太陽愈近接收到的能量愈多，所以水星和金星表面都超過400℃。而離太陽遠的天王星和海王星，因為僅接受到很小部分的能量，表面都低於−210℃，和絕對零度相差不遠。

而相對的，這些行星一方面接受太陽傳出的能量，同時也向太陽和宇宙輻射出能量。如果不是這樣的話，這些行星從太陽接收到的能量一直累積，那表面溫度就會愈來愈高，變成灼熱的星球。但事實不然。

水星與金星接受了許多的輻射能量，並同時也輻射出許多能量。天王星和海王星吸收和放出的能量都不多。由於以上所提到的行星的表面溫度都在1,000℃以下，所以輻射出的都是以可見光範圍以外的紅外線為主。我們看到行星和月球的光主要都是反射太陽的光。因此若沒有反射到太陽光的部分就只是黑色的感覺。

溫室效果氣體

地球也從太陽接收能量，表面平均約維持在15℃，也和其他行星一樣同時向宇宙輻射紅外線。但從地球表面向宇宙輻射出的紅外線並非全部消失在宇宙裡。一部分的紅外線會被地球外圍的大氣層裡面的氣體吸收，主要是二氧化碳。

紅外線被二氧化碳吸收後會如何呢？二氧化碳分子吸收紅外線之後，構成分子的原子間的能量會有變化。

二氧化碳分子為一個碳原子兩側分別有一個氧原子。原子間的結合都一直保持振動的狀態。若以**圖9-3**的圖來看，碳原子為深色的球，氧原子為淺色的球，中間用彈簧連結。若用手指彈一下這些球的話，彈簧的伸縮或變得激烈。紅外線就像用手指彈一樣，若二氧化碳分子吸收紅外線的話，原子間的振動就會更為激烈（如**圖9-3**的1、2）。

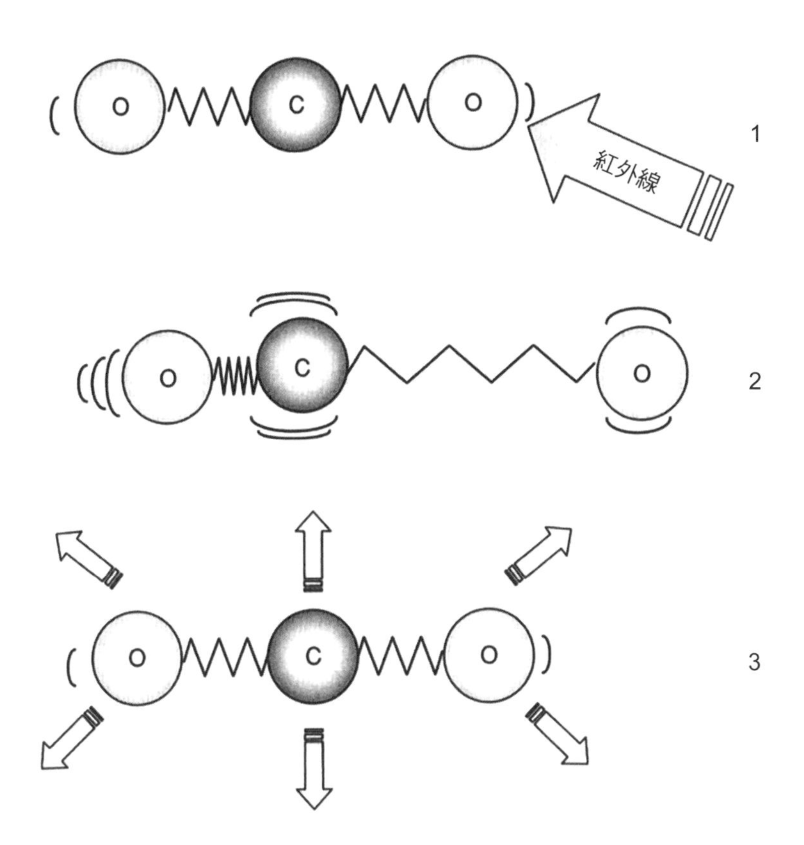

圖9-3　二氧化碳分子吸收和輻射出紅外線的示意圖

原子間的振動並非一直保持激烈的狀態，因為那樣的狀態不安定的關係，會回到原來緩慢振動的狀態。但是若要回到原來的狀態的話，會把造成多餘振動所吸收的紅外線再輻射出去（如**圖9-3**的3）。

若再輻射出去的紅外線是全部往上空（宇宙）放出的話，那溫室效應就不會發生。實際上分子不分上下左右，360度全方位同時輻射。所以應有一半會往水平線以上輻射出去，也有一半會往水平線以下輻射。

若將剛剛的說明稍微整理一下，太陽內部進行核融合產生能量，以電磁波的形式向宇宙輻射出去。地球會接收一部分這樣的能量，表面變

暖。而同時，地球也會以紅外線的形態再輻射出去。接受和輻射出去的電磁波強度理論上會很接近，所以地球表面溫度會保持一定。

由於從地球表面輻射出的紅外線一部分會被大氣層中的二氧化碳吸收。然後二氧化碳分子的原子間鍵結的振動會變得激烈。如前面介紹的，因為這樣的狀態並不安定，因此二氧化碳分子又會輻射出紅外線，回到平時振動的幅度。輻射出的紅外線一半會往地表方向放射（但不表示是同一方向）。

若人眼看得見紅外線的話，地面輻射出去和吸收進來的紅外線過程都可以被觀察到，想必是特別的景象。

因此，地表面本來就一直接受太陽輻射的能量，但因為大氣層的作用，本身輻射出去的紅外線又有一部分回到地面。結果地表面原來該有的熱平衡就漸漸被失衡，比沒有大氣層的情況更溫暖，這個機制和農業的溫室很像，所以稱為**溫室效果**。而在大氣層中會吸收紅外線再輻射回地面的氣體就稱為**溫室氣體**（greenhouse gas, GHG）。

圖9-4為地球暖化的模式圖。若地球從太陽接收的輻射能量為100單位的話，地球表面的反射和紅外線的輻射向宇宙空間放出的能量為（31＋57＋12＝100）單位，若不考慮溫室效果的話會相等。溫室氣體不管有沒有增加，地球從大氣圈以外輻射出的能量都不會有變化。但產生變化的是大氣圈以內的能量交換量。

地表面接受的能量包括從太陽直接傳到地表面吸收的能量（49單位）和因溫室氣體輻射出的紅外線（95單位），總共144單位比從太陽接收的輻射能量為100單位還大，因此產生了溫室效應。

若假設地球完全不存在溫室效應的話，考慮地球和太陽的距離、太陽光反射量等**圖9-4**中的種種途徑（甚至更多的機制）的話，地球表面年平均溫度的估計值僅有−18℃。但實際上目前為15℃，較估計值高了33℃。而地球相鄰的月球表面年均溫為−20℃。因此這樣的估算也顯示溫室效應對地球某種程度的重要性。

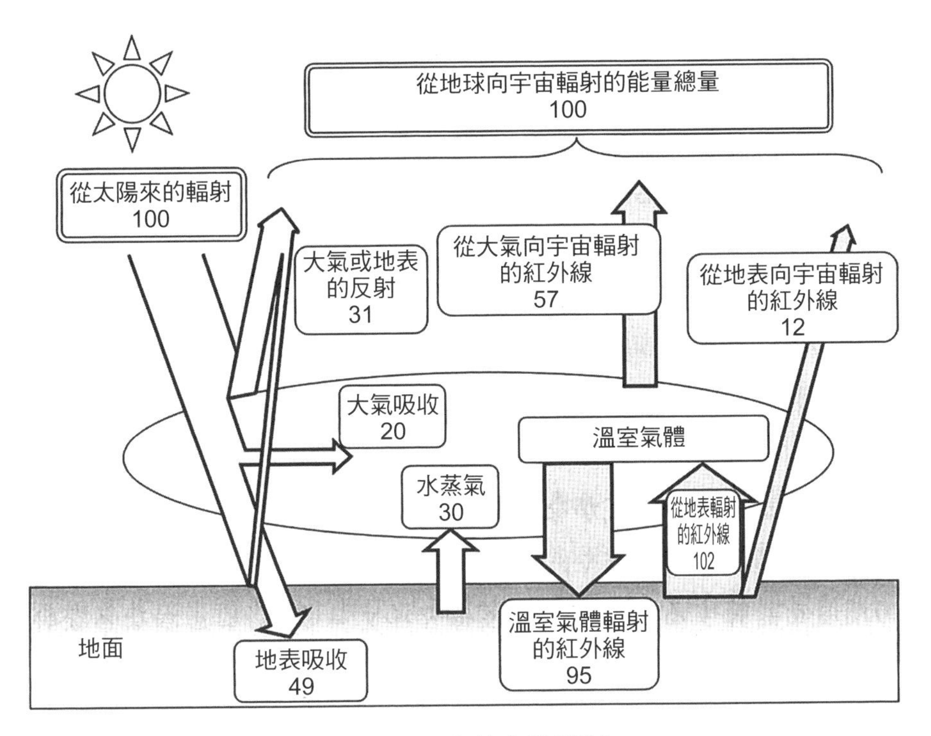

圖9-4　溫室效應的機制

資料來源：作者修改自IPCC（1995）。

金星在天空中非常地閃亮耀眼，這是因為覆蓋於金星表面的雲，將大部分太陽光反射出的結果。由於大部分抵達金星的太陽光被反射，僅有少數的能量得以抵達金星表面陸地。因此若沒有溫室效應存在的話，根據估算結果，金星表面的年均溫會僅為−46℃，甚至比地球表面還冷。而由於金星的大氣層有90大氣壓，而成分90%以上為二氧化碳。在這樣的條件下，目前金星的表面年均溫為477℃。雖然比水星離太陽遠，但表面溫度卻比水星的表面溫度高。

氧氣是溫室氣體嗎？

大氣中約有78%的氮氣，21%的氧氣。剩下的是微量的水蒸氣、氬氣等共計僅不到1%。二氧化碳的濃度約只有0.038%（380ppm）。但全球暖化議題裡成為話題的卻不是氮氣、氧氣、氬氣等，而是二氧化碳。為什麼呢？

首先從氬氣看看，氬氣是惰性氣體之一，在燈泡裡經常使用。氬氣的分子只有一個原子，是單原子分子，化學式是Ar。因為是單原子分子，所以就沒有原子間結合的振動情形。因此氬氣不會吸收地表面輻射出的紅外線，所以不是溫室氣體。

那含量很大的氧氣（O_2）和氮氣（N_2）又如何呢？這兩種氣體是由相同的原子二個共組成氣體分子，而這樣型態的雙原子分子也不會吸收紅外線。而同樣是雙原子分子的一氧化碳（CO）則會吸收紅外線。

如果這樣，那差異會是在哪裡呢？

氧原子和碳原子兩邊原子核所持有的總正電荷量和電子所持有的總負電荷量相同。因此，一氧化碳分子全體在帶電上為中性。

而原子的中心是原子核帶有正電荷，周圍則環繞負電荷的電子。原子核吸引周圍電子的吸引力因原子的種類而異。這個吸引力的大小稱為電負性（electronegativity）。構成一氧化碳分子的碳原子和氧原子比較的話，氧原子的電負性比較大，因此電子會比較接近氧原子，使氧原子實際上是帶微弱的負電狀態。而相反的，碳原子因電子被氧原子稍微拉了過去，而實際上呈現稍微帶正電的狀態。因此這樣的狀態稱為極性（polarity），有這樣特性的分子稱為極性分子。因此一氧化碳也是一種極性分子。

紅外線是一種電磁波。電磁波的一個特徵是磁場和電場會交互振動，將波傳播出去。因此若極性分子遇上紅外線的話，電磁場的振動會和帶有正、負電荷的原子間的振動，發生交互作用，因此紅外線會被極性分子吸收。二氧化碳和水分子也都是極性分子。剛剛提及的氮氣和氧氣分子，由相同的原子二個共組成氣體分子，因此電子的分布不會有偏倚的狀況，這樣性質稱為非極性分子。而非極性分子若遇到紅外線，原子間的振動不會和電磁場發生交互作用，因此不會吸收紅外線，就不會產生溫室效應。因此，在考慮全球暖化時，像氮氣和氧氣這類非極性分子就不需列入考量，某種意義上，非極性分子對紅外線來說就像是透明物體一樣（如**圖9-5**所示）。

而臭氧（O_3）的情形來看，像這種由三個同樣原子組成的分子，其電子分布不均勻，因此分子內會有帶正電，與帶負電的極性分子特徵。因此臭氧也會吸收紅外線，是溫室氣體的一種。

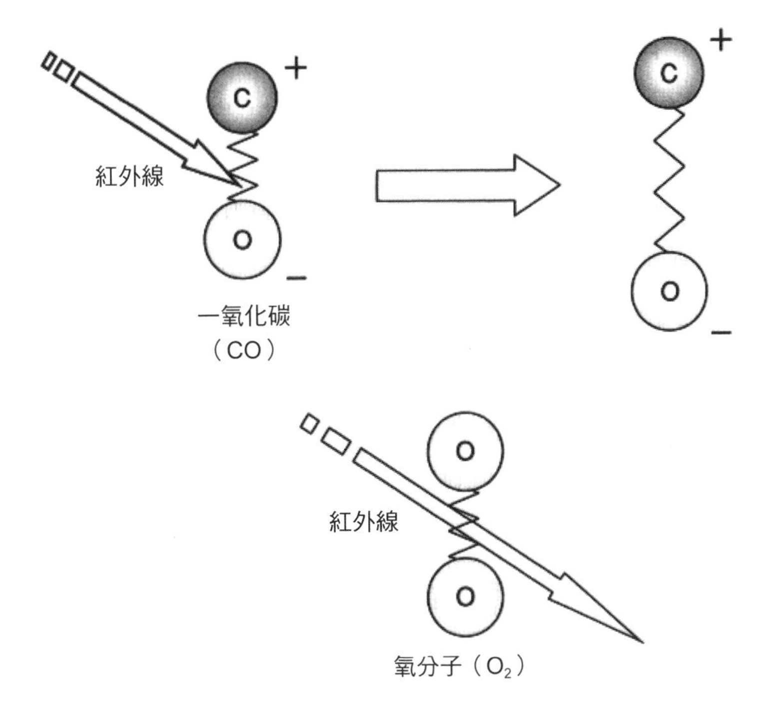

圖9-5　紅外線和極性分子／非極性分子的吸收狀態

全球暖化潛勢

即使是帶有溫室氣體的性質，不同的溫室氣體，促進全球暖化的能力也有差異，這個性質稱為**全球暖化潛勢**（global warming potential, GWP）（日文：地球溫暖化指數），一般是以一百年內，1公斤氣體分子吸收熱的能力做比較。而1個分子的甲烷（CH_4）讓地球暖化的能力是二氧化碳約20倍以上〔譯註：若以一百年的尺度計算，依據2013年政府間氣候變化專門委員會（Intergovernmental Panel on Climate Change, IPCC）報告為34倍（考慮氣體間的反饋機制）〕。

各溫室氣體間的全球暖化潛勢（GWP）會被各氣體在大氣中濃度的差異影響。在大氣中濃度較高的溫室氣體，其GWP反而會較小，接下來會詳細說明此原因。

溫室氣體吸收紅外線的波長也因氣體分子種類而異。二氧化碳可吸收的波長的紅外線，大部分已被現在大氣中存在的二氧化碳吸收。因此，若有新的二氧化碳氣體排到大氣裡的話，可再吸收的紅外線其實有限。

而甲烷在大氣中的濃度僅約為二氧化碳的兩百分之一（約1.8ppm＝0.00018%）。因此，甲烷可吸收的波長的紅外線還未被吸收殆盡，新的甲烷分子釋放到大氣的話，還有很多「工作」可以做。因此若原本大氣中非常微量的溫室氣體被釋放到大氣的話，適合這種氣體吸收的紅外線可能還存在非常大量，因此這樣的溫室氣體其GWP會很大。例如氟氯碳化物，原本不是天然的化合物，在大氣中濃度微乎其微，大氣濃度最高的CFC-12也僅為550ppt（1ppt為兆分之一），只有二氧化碳濃度的百萬分之一點四，也因此氟氯碳化物是極強的溫室氣體（請參照第八章）。

另外一個影響溫室效應的因素是溫室氣體在大氣中停留的時間。很明顯地，壽命愈長的溫室氣體，溫室效應效果愈大。因此，GWP的數值也反映了每個分子在大氣中的壽命和這段期間內吸收的紅外線的能量。如本節開始的段落所述，和二氧化碳相較的話，甲烷的GWP是二氧化碳的約20倍以上，氟氯碳化物更是高達數千倍。

因此，為了防止全球暖化，或許會覺得管制重點不在二氧化碳，而是如甲烷或氟氯碳化物等GWP大的溫室氣體，但因為最後各個溫室氣體綜合的全球暖化能力，是把GWP乘以大氣中該氣體的總分子數（總量），也稱為輻射效應（radiative forcing）（日文：放射強制力）。而二氧化碳的量遠遠超過其他溫室氣體，因此輻射效應還是二氧化碳最大，其排放量的管制還是第一優先。

比較日本排出的溫室氣體中個別的輻射效應，94%以上為二氧化碳，管制二氧化碳排放量是當務之急。

正向與反向的回饋

其實在溫室氣體中，大氣濃度中最高的是水蒸氣（即水分子），但是若考慮輻射效應的話，水就不會是大問題，主要原因是水在大氣裡不會累積的關係。在水循環的作用下，大氣中的水蒸氣濃度達到飽和的狀態時（即濕度為100%），就會轉變為雨或霧等液態降雨的形式，降到地表上。

不過水蒸氣在別的部分和全球暖化還有緊密關連，就是雲的變化。雲和颱風等的變化在天然災害管理裡扮演重要的角色，但和全球暖化也息息相關。若氣溫上升的話，會有更多的海水蒸發形成更多的雲。但當雲形成的話，空中的雲會將原本照到地面的太陽光反射回去，因此地面接受的太陽光量會減少，地表溫度會減低。特別是在夏天的沙灘會有很明顯的感受，烈日之下的沙灘，幾乎無法赤腳踩進去，但陰天的話，就非常舒服。這也是因為雲的變化，使地表溫度有很大的差異。所以一個簡單的關係：

氣溫上升→水蒸氣增加→ 雲的形成→太陽光被反射→氣溫下降

而若氣溫上升的話，這樣的過程會有一個牽制的力量發生，稱為反

向回饋（feedback）（氣溫上升最後導致氣溫下降）。若反向回饋經常作用的話，溫室氣體會增加一點，但是地球不會溫暖太多。

但可惜的是，反饋作用不是只有反向回饋，還有正向回饋也會同時發生。意即雲產生之後使氣溫上升的可能性也存在。例如在冬天的清晨，氣溫非常地低，這時若沒有雲的話，從地面向宇宙輻射的紅外線就直接消失，稱為輻射冷卻現象。

因此若有雲的存在，可以吸收一部分的輻射紅外線，保持地表溫度，這個時候發生的現象為：

氣溫上升 → 水蒸氣增加 → 雲的形成 → 輻射冷卻現象被妨礙
→ 氣溫上升

因此變成了一個正向回饋（氣溫上升最後也導致氣溫上升）。

由以上的討論，若單純只看雲的形成這個因素的話，有可能導致地表的寒冷化（反向回饋），也有可能導致更進一步的暖化（正向回饋）。因此暖化現象的變化實際上非常複雜，非單純只討論一兩個因子就能完全說明，必須將許多影響因子一起討論，這也是氣候這個「複雜系統」的特性。

由於氣候變化有許多類似這樣錯綜複雜的關係，影響因子之間又因不同條件有正向和反向的影響，因此在未來定量預測時，必須同時將無數的變數一起納入計算。事實上，這是異常艱困的工作，就算用盡當代的科研技術似乎也不會有太好的成果，完美的預測幾乎不可能。

全球暖化的未來

全球暖化對策擬定其困難的背景因素

像環境保護主義採納與否這類的公共政策需要一些決定政策的決策

者。在民主主義的日本，檯面上的決策者是政治人物，但最終的決策者也可以說是藉由選舉選擇政治人物的全體公民。

對採取具急迫性的全球暖化對策而言，必定同時會帶來一定的「痛苦」。因此在擬定和實施全球暖化對策的同時，科學家必須向公民與政治人物解釋全球暖化對策的內容，若現在不採取行動的話，未來會發生怎樣嚴重的事態，現在實施的話，就可以避免未來會發生的嚴重問題。在此同時，必須提出確切的科學證據，讓公民與政治人物理解這個課題。但實際上，要得到大部分公民和政治人物的理解和支持非常困難。

在此將主要的困難點整理如下：

第一點，全球暖化的機制非常複雜，科學上的不確定性非常地大

氣候影響的因素包括太陽的活動、火山的活動、地形、植物的型態與數量、水循環、人類活動等不可計數的複雜因子，彼此之間的交互作用要一一釐清更是不可能的挑戰。因此對人類活動排放的二氧化碳是全球暖化主因這一假說存疑的科學家不在少數（請參閱本章最後的專欄）。就連明天的氣象預報準不準都有一定的難度，數個月後的「長期預報」若錯誤的話，其實並不稀奇。對複雜的氣候現象，要準確預測未來數十年的氣溫變化，要得到有說服力的預測結果是非常困難的課題。

第二點，全球暖化的機制很不容易完全瞭解

由於科學上的不確定性因素非常地大，要完全瞭解二氧化碳使地球表面暖化的過程其實並不容易。日本位於茨城縣的國立環境研究所的研究團隊，曾對日本全體國民進行一個二氧化碳與全球暖化關聯性的問卷調查，結果顯示能正確理解這些關係的國民其實很少。

甚至少數回答者認為是臭氧層破洞，陽光直射使地球暖化的意見。當然這可能是1990年代臭氧層破洞問題造成的誤解。但有不少回答者不覺得是因為能源消費造成二氧化碳排放量的增加，因此就不會贊成為了防止全球暖化，必須削減能源消費量這樣的方案。

第三點，沒有被害的實際感受

雖然日本漸漸感受到夏天愈來愈炎熱此全球暖化所帶來的不良影響，但是對人類社會會產生什麼決定性的影響，都還是未來數十年的事。雖然有學者指稱近年的夏天的劇烈炎熱與颱風的強度愈來愈強，以及北極的冰與冰河的融解是全球暖化造成的結果，在將來也或許會有研究者說出「現在全球暖化的現象都是從二十一世紀開始」這樣的評論也不一定。但是也有學者指出，現在所被宣稱的「異常」，暖化現象也可能有影響，不能認定這樣的現象已經超過原來氣候系統變動的範圍。

和眼前出現公害的被害者不一樣，「未來」可能出現的問題，對一般民眾而言，似乎不一定會有那麼深刻的感受。

第四點，無法擬定決定性的對策

對防止全球暖化，除了降低二氧化碳排放量之外別無他策，因此必須推動節省能源與減少化石燃料使用。為保護臭氧層，全世界成功禁止使用氟氯碳化物（請參閱第八章最後的專欄）。但是，能源在社會上各個層面的使用都非常廣泛，若減少能源的使用量，不只是不便，甚至許多地域生活上也會出現很多問題。而太陽能、風力、生質能、地熱等替代能源的開發雖然進展很快，但替代石油與煤成為主要能源來源這個目標距離還非常遙遠。

由於科學上的不確定性、不容易理解、沒有實際的被害感、沒有決定性的對策，市民雖然對全球暖化的問題有些不安，但仍沒到為了支持防止全球暖化的對策而讓自己生活不便這樣的程度。而市民的不安感還沒太高的狀況下，政治人物為了不讓自己的支持度下滑，對推動實質政策的意願也不甚高。

IPCC第四次報告書

為了確實掌握全球暖化的現狀和進行未來的預測，以擬定必要的對策，世界氣象組織（World Meteorological Organization, WMO）和聯合國環境規劃署（United Nations Environment Programme, UNEP）於1988年共同成立了政府間氣候變化專門委員會（Intergovernmental Panel on Climate Change, IPCC）。在本書中提到全球暖化的相關問題，因為大部分和氣候有關，因此許多政府文件裡都使用「氣候變遷」（climate change）的用語。

IPCC的任務主要是聚集由各國政府推薦參加的學者，以政治中立的立場，進行與全球暖化相關的科學・技術・社會經濟的綜合評估，將研究成果，提供給全世界的民眾與決策者。

IPCC從1990年發表第一次報告書以來，每五至六年就會再公布後續的研究報告書，包括1992年的「聯合國氣候變化綱要公約」、「聯合國氣候變化綱要公約之京都議定書」都將IPCC的研究成果做為政策規劃的根據。

而超過一百三十國四百五十名以上的代表研究者與超過八百名的執筆者參與努力下，2007年發表的第四次報告書，並經過超過二千五百名的科學家的仔細確認（譯註：第五版的報告書於2013年底也已發表）。每一次的報告書都是那個時間點最具權威性的科學參考資料。

從IPCC發表第一次到第四次報告書的十七年之間，所累積的全球暖化的科學發現有相當大進步。一開始的用語定義、建議和結論都仍有許多不確定性，但現在對於全球暖化的驗證已愈來愈有信心。目前詳細的研究成果讀者可以隨時從IPCC的網頁上找到不同語言版本的全文報告書及摘要版。第四次報告書的內容非常廣泛，日文摘要版在環境省網頁可以下載，本書僅介紹重要部分，讀者可參閱環境省或IPCC的網頁找到更深入的資訊。

全球暖化帶來的未來

以下將介紹2007年發表的IPCC第四次報告書之重要結論：

1. 氣候系統的溫暖化目前已經沒有懷疑的餘地。目前已經清楚觀測到全球大氣與海洋平均溫度的上升、雪冰的大規模與大範圍融化與全球海平面的上升。
2. 因人類社會活動產生的溫室氣體排放，導致二十世紀以後觀測到的全球平均地表溫度上升的現象的可能性非常地高。
3. IPCC也進行了若完全不採取對測的狀況下，全球暖化會造成的後果的未來預測。這些預測結果可供各個層面的決策者很多科學上的參考，擬定具體的行動方案。
4. 而在進行未來預測時，也使用了電腦進行大量的計算模擬。不可否認，目前的預測結果還是充滿許多不確定性。

在2007年IPCC的第四次報告書中，預測了至2050年末全球的二氧化碳排放量水準。為了進行預測，首先必須預測全世界各國的經濟發展與人口增加等參數，再算出各種溫室氣體排放量。但現實上連明年的經濟狀況都很難準確預測，所以預測數十年後的狀況充滿許多不確定性。

此外，科學技術的進展非常快速，能源技術的效率也愈來愈佳。而隨時間演進，政治環境和政策方向也一直在改變。必須將這些技術與社會上的改變設定為變數，放入模擬模型中，模擬的結果才有意義。但因為這些變數的不確定性都太大，因此在操作上，設定可能的社會、經濟與科技的不同水準，以情境分析進行是比較可行的做法。因此在IPCC專家們的計算裡，世界各國不同的社會經濟變化、人口數量、政策設定、政策執行程度與技術水準等變數都從悲觀到樂觀的不同等級設計在對應的情境中，算出可能的二氧化碳排放量。

IPCC依據不同情境分析出來的結果，二十一世紀末地表氣溫的預測值將較2000年的溫度上升1.1至6.4℃；而在環境保護和經濟成長兼顧的情境下，最好的預測的升幅為1.8℃（此情境的結果為1.1至2.9℃）；而持續使用化石燃料和高度經濟成長的情境結果，最好的預測的升幅為4.0℃（此情境的結果為2.4至6.4℃）。

平均氣溫的意義

這樣氣溫上升的幅度對全世界和日本究竟有什麼影響呢？平均氣溫上升4℃這大概有多高呢？在每天的氣象預報裡，常常會聽到「今天的最高溫比昨天高3℃，比往年高2℃」這樣的報導。值得注意的是年平均氣溫和每天的氣溫意義不同。

1994年，日本的猛暑日（日最高溫大於35℃）的日數創了新高，日本各地都面臨缺水的困境，四國地區的瀨戶內海內側及九州北部的貯水池都見底，有些地區甚至一天僅二至三小時可以使用自來水。冷氣機的消費電力也急增，東京的電力公司必須向其他地區的電力公司買電，但得到「請自行忍耐」的回答（其他電力公司也用電吃緊）。不過，這個夏天的平均氣溫也僅較往常高2℃，年平均氣溫只較例年高1℃而已。

十年後的2004年，酷熱的夏天又來了。日本有二十五處日最高氣溫的紀錄更新，東京都甚至上升到接近40℃的高溫。這一年是1946年日本氣象廳統計開始以來最高溫的夏天。同時也是個豪雨的夏天，關西地區兵庫縣洲本市和四國地區愛媛縣宇和島市的降雨紀錄也創新高。同年10月，一個超大型颱風也從四國地區的高知縣上陸，橫掃日本列島，直到關東地區的千葉縣出海，八十四名民眾在這次風災中死亡或行蹤不明。但是這年夏天的年平均氣溫，最熱的東日本也僅比例年高1.3℃。

很快地，2007年又是個酷熱的夏天。在8月13到16日的四天以內，日本全國有八十一個地點日最高氣溫破紀錄。8月16日，關東地區的琦玉縣熊谷市日最高氣溫達到40.9℃，更新了1974年以來的紀錄。即使如此，夏天（6至8月）的平均紀錄也只比平均高了1.1℃（熊谷市多了1.0℃），大部分地區只高了約0.5℃。

平均氣溫就算只變化了1℃，也會造成很大的影響。在之前因冷夏的關係，使世界上許多地方的農作物減產，而發生飢荒，年平均氣溫也僅低了1℃而已。

平均氣溫高低1℃對社會影響很大，但也需注意異常現象很少會一直持續好幾年。很多時候在隔年就會回復到平常水準。但全球暖化會持續到什麼時候，而又會對人類社會造成什麼樣的衝擊，都是必須提早因應的課題。

IPCC的第四次報告書和日本環境省也整理出可能會遭受的影響，如**表9-2**所示。在本書因篇幅有限，不能詳細介紹，僅重點摘錄如下。

氣溫若上升的話，地表的水會蒸發更多，導致更大規模的降雨。但

表9-2　IPCC與日本環境省預測的溫暖化對未來的影響

IPCC第四次報告書所提供的未來預測的例子
1.到本世紀後半，每年河川平均流量和水的利用可能性，中緯度乾燥及熱帶的地域大概會減少10至30%。 2.到本世紀中，冰河和積雪可提供的水將減少，主要的山岳地區（現在世界人口約有六分之一以上的人居住）可提供的融解水和其利用性也會減少。 3.平均氣溫上升超過1.5至2.5°C的話，植物和動物物種滅絕的危機會增加20至30%。 4.海水表面溫度上升約1至3°C，珊瑚礁會大量地白化並有可能大面積滅亡。 5.到2080年代時，可能會有100萬人因海水面上升，每年都遭遇大洪水的威脅。 6.由於營養不良、疾病增加與天然災害的關係，會有數百萬人的健康出現嚴重不良影響。 7.中亞、東亞、南亞及東南亞地區淡水的可利用率會隨氣候變遷而減少，到2050年代末，可能會對10億人以上產生不良影響。 8.到本世紀中，中亞和南亞的穀物生產量可能會減少30%。因此可能造成發展中國家持續出現嚴重飢荒的情形。
日本環境省預測對日本造成的影響
1.地球的平均氣溫上升超過4.0°C的話，日本的夏天（6至8月）的日平均氣溫可能會上升約4.2°C，日最高氣溫可能會上升4.4°C，而降雨量可能會增加19%。 2.目前每年50天左右的「真夏日」（最高氣溫超過30°C之日），於2070年左右時可能會增為每年120天。 3.因害蟲滋生導致農業損害增加。 4.若因全球暖化造成的海平面上升1公尺的話，將可能造成90%的海灘消失。 5.登革熱和日本腦炎的患者數會上升。 6.中暑的患者會增加。 7.3.6°C氣溫上升的話，山毛櫸的棲息地將會大幅減少。

水蒸發掉的地區和豪雨地區不一定一致。很可能乾燥地方會愈乾燥，而豪雨和水災的頻率會更高，更劇烈也更經常發生。此外，酷暑和熱浪等極端天氣也會更頻繁地發生。

水資源的影響非常嚴重。現在世界有六分之一人口居住的山岳地區，該區使用的多為融雪而來的水，由於冰河和積雪的減少，這些地域的人可利用的水資源將會大幅減少（請參閱第十一章）。

全球暖化的因應對策

二氧化碳一般是由水泥工廠和製鐵廠以副產物的形式產生，而在日本則是有93%（2005年）從能源部門使用化石燃料的過程中被排放出來。因此，日本防止全球暖化最重要的因應對策為減少能源使用造成的二氧化碳排放量。

在此有二種方法可以考慮：第一個是消費同樣的能源時，儘可能削減產生的二氧化碳排放量；另一個則是從根本抑制能源的消費量，如**表9-3**所示。

表9-3　從能源使用排出二氧化碳的減量策略

能源消費量不改變的二氧化碳排放量削減策略	1.管末處理技術： 排氣中的二氧化碳的分離與隔離 2.清潔生產： (1)使用含碳分較少的化石燃料 (2)水力核能等再生能源發電的轉換 (3)新能源的替換
抑制能源消費量（節省能源）	1.技術的手法（效率改善） 2.需要抑制技術的導入： (1)規範的方法 (2)經濟的方法

管末處理

若不改變能源消費量的話，那二氧化碳排放量的削減方法有管末處理及清潔生產等策略（請參照第一章）。

以管末處理來看，必須注意的是二氧化碳排放量的削減，與硫氧化物及氮氧化物等「傳統型」大氣污染物質的性質差異很大。

首先，排氣中二氧化碳的含量很大，約占燃燒排氣的10至20%。排氣中硫氧化物與氮氧化物的濃度高的等級，一般也不超過數千ppm，即千分之幾左右而已。但是二氧化碳濃度卻是傳統大氣污染物的100倍以上，要從排氣中分離這麼大量的部分，技術上很困難，而且分離之後濃縮的二氧化碳如何處份又是一個難題。另外，二氧化碳化學性質很安定，將它轉化成其他物質再去除很不容易。因此和一般使用化學方法處理大氣污染物的概念差異很大。目前，將排氣直接注入海底的二氧化碳分離方法正在開發中，但是技術上和經濟上的問題還很多，還沒到實用化的階段。

清潔生產

其次，可以考慮使用二氧化碳排放量較少的能源這個方式，此概念稱為清潔生產。

在日本，約有30%的二氧化碳排放量是在發電的過程中產生，因此清潔生產的概念有很大的發揮空間。

首先來看火力發電。火力發電的燃料主要使用煤、石油與天然氣等。在這其中，碳的含量多寡依序為煤、石油與天然氣，而隨碳成分的減少，相對的氫的含量會增多。若化石燃料燃燒的話，碳會轉化為二氧化碳，氫則會轉化為水，產生以熱為形態的能量。產生同樣的熱量時，含氫較多的燃料熱量從氫產生的也會較多，因此二氧化碳排放會比較低。所以與煤相比，石油甚至天然氣發電所產生的二氧化碳排放量會較少。但是就算是天然氣，主要的化學組成還是有碳，所以仍一定會產生二氧化碳，無法避免。

傳統的主要發電方式除了火力發電以外，還有水力發電和核能發電。若以防止全球暖化的觀點來看，停止火力發電，轉為核能發電或水力發電是個好做法。但是民眾對核能發電的安全性仍有很大疑慮，輻射性廢棄物的處理也是一大難題（譯註：本書完成於2011年福島核電事故發生之前）。水力發電的話，日本適合蓋水庫的場址也幾乎開發殆盡，無法大幅增加水力發電的能力。

其他的選擇還有太陽能、風力、廢棄物、生物質量（biomass）、地熱、波浪等再生能源與新能源的開發。

生物質量的能源（生質能）是指將木材或農業廢棄物用來當作燃料或產生沼氣等能源的利用方式。因為動植物體內的碳本來就是從大氣裡的二氧化碳固定化形成，所以就算燃燒排放出二氧化碳，在不長的時程（數百年以內）裡還是會再固定在動植物體內。這個概念稱為碳中和（carbon neutrality）。因此和從地下開採的化石燃料（經數百萬年以上才能形成）燃燒不同，二氧化碳的總增加可以不被計算在內。

但是這些再生能源或是新能源的開發最大的問題是，與化石燃料使用相比，新能源等的開發成本太昂貴。日本於2000年的新能源供給量占總能源供給量僅4.8%。雖然資源能源廳將政策目標設定為2010年為7%，但若不大幅削減化石燃料的使用的話很難達到。此外，雖然甘蔗與玉米等製造出的生質柴油等生質燃料很受注目，但是在製造這些生質燃料時，在原料的採收、運送、製造與市場流通上仍需要大量的化石燃料，而且農地若轉作生質能源作物使用的話，在糧食不足的狀況下也會是一個競爭問題。在巴西等地為了生產生質燃料開發大量森林，歐洲為了生產相關穀物而造成農田只生產單一農作物，這些對自然生態系統的破壞等都是很大的問題。

削減1單位能源生產量（發熱量）的二氧化碳排放量有很大的困難，

但為了防止全球暖化，是一定要持續不斷地努力。

節省能源

另外一個方法，是在使用能源的時候儘量節省能源的消費量，改善能源的使用效率（熱效率）。在發電廠可以考慮改善製程，讓同樣的燃料發更多的電；而汽機車的使用上，則可以改用引擎效率較好的汽機車，讓一樣的燃料可以行走更長的距離，這樣也可以同時節省燃料費。

日本經濟產業省正在推行的「top runner」方式，是先建立一個電器製品等省能和汽機車省油、省燃料費與排氣標準，在市場販售的機器中最高的效率標準。而在一定期間，若廠商一直沒有販賣達到此標準的機器的話，則公布這類廠商的名稱，並科以罰鍰做為處罰。這樣的辦法可以促進廠商積極開發省能源的技術，也因此近年的家電產品能源效率大幅地提升。

但是，使用燃料的能源轉換效率（熱效率）其上限是由燃燒溫度決定（理論上燃燒溫度愈高，燃燒效率愈好，詳細請參考第二章）。在某個限度以上要得到更好的燃燒效率是不太可能的事，因此藉由技術水準的進步提升能源效率還是有它的極限在。

能源需求的抑制

抑制能源需求是有可能達到的事。方法上可使用規範的方法與經濟的方法（請參閱第二章）。

關於電力使用方面，日本各個家庭和電力公司的合約有契約電力上限的限制。因此超過合約上限之電力消費量的話，就會被強制停電，因而家庭端無法使用太大量的電力。而其他可以考慮的方法，還有禁止商家深夜營業與照明限制這些方法抑制電力的需求。

關於汽油使用的抑制方面，可以考慮的對策之一為限制汽機車的販賣數量。亞洲某些城市也實施依車輛號碼進入城市裡的行駛許可制，例如在一週的偶數日或奇數日，分別開放偶數或奇數的號碼可以進入城市的某個範圍裡。此外，也可以考慮實施汽油的配給制。

採取上述規範的方法抑制能源需求的話，對社會生活會造成很大的影響和衝擊（雖然通常很快就可以就達到一定的成效）。因此，利用市場力量的經濟方法也是可行的方案。最具代表性的經濟的方法是對燃料裡含有碳的成分課取稅金，稱為環境稅或碳稅。

若對燃料課環境稅的話，化石燃料價格會上升，然後汽油、電力、瓦斯等的價格也會上升。

這樣的話，不論消費者環境意識強不強，都一定會努力節約使用能源。可以預期的狀況是，本來習慣開車到附近超市購物的民眾，很有可能會因此改用步行的方式前往超市；而原本都自己開車上下班的上班族，也很有可能會積極使用大眾交通系統或甚至改騎腳踏車通勤。而若電費單價調漲的話，節電的人會劇增，將耗電的家電用品改為省電的家電用品的人也會增多。

在瑞典，汽油1公升會被課約11日圓（約新台幣3.8元）的碳稅，而德國是課以7日圓（約新台幣2.3元）的全球暖化相關的稅。天然氣等其他燃料和電力一樣也被課稅。因此，瑞典的二氧化碳排放量約減少了19%，其中60%被推測為實施碳稅的效果。德國也因改革稅制，估計減少了約700萬公噸的二氧化碳排放量。

以課稅方式實施的環境稅，很明顯地對抑制能源需要有很好的效果。而對太陽能與風力等不使用化石燃料的能源與省能的商品來說，實施燃料稅之後，這些商品的價格也相對更便宜，在市場上的競爭力更高，因而促進了低碳社會的發展。

有不少的企業和市民強烈反對這樣的環境稅。若要實施環境稅的話，需要政治家積極的努力，也需要更多民眾的支持。

排放權交易

排放權交易制度是綜合規範的方法與經濟的方法的二氧化碳排放量抑制措施。主要的想法是，在一定的時間內（假設一年為單位），在排放權交易制度範圍內的廠商，每個廠商有自己的排放量限額，並可以交換各自的二氧化碳排放量（或溫室氣體排放量）。而範圍內的所有排放量總量必須在管制標準以內。

這樣的話，若某個廠商的排放量比限額還低的話，就可以把沒使用完的排放量賣給範圍內的其他廠商，而其他廠商就可以根據自己的生產需要多排放一些，相互謀取最適當的利潤。

二氧化碳有一個特性是不論在地球表面哪個地方排放，對全球暖化的效果都一樣。因此，對於可以用低價削減自己二氧化碳排放量的廠商而言，首先可以在可能的限度下努力削減自己的排放量；而對二氧化碳排放量削減成本高的廠商而言，可以用購買需要的二氧化碳排放額度的做法，保障生產線的製造量或達成自己的減量目標。因此，若這個制度能普及的話，整個社會可以在成本較小的狀態下達到好的二氧化碳排放量減量效果。

在聯合國氣候變化綱要公約之京都議定書中明訂了二氧化碳排放量削減義務的國家間可進行排放權交易。

至於個別廠商的排放權交易制度，EU於2005年開始，以大型排放源為對象開始實施。美國也於2007年由參議院的環境・公共事務委員會決議，新任總統簽署法案的可能性很高。而澳洲和加拿大等國也正在準備實施。在日本，環境省自2005年開始實施自主參加型排放權交易制度，參與第一期事業（2005至2007年）的三十一間公司已經全部達成其減量目標。

防止全球暖化的對策最重要的是從能源政策著手。能源和市民生活與經濟活動等人類社會的各個層面息息相關。二氧化碳減量沒有特效藥。**表9-2**所介紹的各種措施若能有效交互運用，綜合進行的話，二氧化碳排放量的減量還是有可能達到一定的成效。

專欄 全球暖化懷疑論

國際社會對全球暖化開始注意並採取具體行動的契機，是1985年在奧地利菲拉赫（Villach）全球暖化相關的國際會議中，以聯合國環境規劃署和世界氣象組織為中心的二十九位科學家開始進行。在這個會議裡，與會專家最後做出對於氣候變遷雖然仍有很大的不確定性，但也累積了一定的科學成果，因此應該是開始檢討相關對策的時機，這樣的結論。

全球暖化問題和過去的環境問題最大的差異是科學上的不確定性很大。人類過去對這個問題也沒有足夠的經驗參考，許多的難題都是在未來發生，僅靠實驗也無法完全確認。科學家將許多尚未確認的不確定性一一整理，並把已知的結果列舉出來。到了現在，因人類社會排出的二氧化碳造成全球暖化的全球暖化論，已經是大多數的科學家的共識。

但是也不時傳出持疑的評論，特別在美國。美國議會中始終強烈反對的政治勢力是以共和黨議員為中心所組成。他們並向美國國家環境保護局（USEPA）施加壓力，請環保署大幅削減全球暖化相關的論述。因此布希政權就以科學上的不確定性為由，拒絕加入京都議定書。在美國的書店也陳列許多抱持懷疑論點的書籍。

但是懷疑論並沒有得到正式學術期刊的論文支持。有美國的學者檢視自1993到2003年間的世界性權威學術期刊的文章，以關鍵字「climate change」進行蒐尋，結果共有928篇文章，而其中有75%的研

究結果都支持全球暖化的存在，而剩下約25%的文章是與方法論的建立或是古代氣象相關。反對全球暖化存在的文章僅有1篇。

先不考慮政治目的的懷疑論，對媒體不滿的學者也不少。大型颱風、旱災、北極冰的減少等世界各地近年發生的氣候「異常現象」就直接被報導成全球暖化造成的結果。雖然實際上這些現象有可能是全球暖化造成，但是也有可能是自然變化的一部分，這連IPCC都無法斷定。可是媒體為了讓觀眾「淺顯易懂」，不管有沒有科學根據就直接定論。因此科學家希望媒體和政治上持懷疑論的人，能更基於科學根據向民眾傳達相關訊息，而非誤導大眾。

Chapter

10 跨國性大氣污染

引言

環境污染沒有國境之分，會隨時間擴散到可能的地域，代表性的問題是酸雨。日本也觀察到酸雨的現象，而在鄉村沒有大氣污染的地方觀測到的酸雨可以認為是因東亞地區的大氣污染造成。

而在最近，日本甚至觀測到了從中國大陸越境擴散過來，被懷疑是光化學煙霧的污染物。光化學煙霧是從汽機車排氣裡的污染物，經太陽光產生化學反應後形成的臭氧等物質。

第十章將介紹酸雨等跨國性大氣污染的成因。此外，也將介紹為何日本沒發生像歐洲因酸雨造成嚴重損害的理由。

»»» 關鍵字 »»»

酸沉降、pH、跨國性污染、光化學煙霧

酸雨

鍋爐或引擎等，從工廠設施直接排放的灰塵、硫氧化物與氮氧化物等污染物質，被定義成一次污染物。而這些一次污染物若再經過化學反應轉化成的污染物質，則稱為二次污染物。

二次污染物並不只存在於污染排放源附近，也可能會散布在離污染源很遠的地方。酸雨和光化學煙霧就是很典型的例子。

影響如果跨越國境的話，就會很難解決。因為受害的國家自己無論怎麼努力，都沒辦法徹底解決。問題的解決取決於污染排放源的國家，是否積極地採取有效的管制措施。

定義

因大氣污染而變成酸性的雨稱為酸雨。若是雪或霧的時候，則稱為酸性雪或酸性霧，總稱為**酸沉降**（acid deposition）。

全世界開始注意酸雨始於1980年代，德國西南部的「黑森林」樹林開始枯死。在這之前，歐洲對於大氣污染的關心非常少。因為不像日本發生了許多的公害事件，所以過去並未訂定嚴格的環境標準，都市地區的環境污染狀況也沒有改善。但當北歐、中歐、東歐等地陸續發現酸雨的危害後，歐洲各國才開始實施相關的大氣污染管制措施。

首先，必須瞭解雨和酸雨的差異的標準在哪裡。若要回答此問題，必須先認識酸性和鹼性的概念。

酸性很強，是指水溶液中的氫離子（H^+）的數量很多。而鹼性是指水溶液裡面存在許多的氫氧離子（OH^-）。由於兩種離子的濃度乘積為一定（10^{14}），因此若氫離子數量較多的話，氫氧離子的數量就會較少，就是酸性；若氫離子數量較少的話，氫氧離子的數量就較多，就是鹼性。

水中的氫離子濃度是以pH值表示。

pH值是從0到14的數字表示。7的時候為中性；低於7的話，則為酸性；高於7的話，則為鹼性。

pH的數值每少1的時候，水中的氫離子濃度就會增為10倍；少2的話，就增為100倍；少3的話，就增為1,000倍。

常見的食物裡醋和檸檬汁是酸性，pH值約為3。比中性的水少了4，所以氫離子的濃度約高了10,000倍。

鹼性液體的例子則有肥皂液， pH值約為10。比中性的水多了3，所以氫離子的濃度約低了1,000倍。

但是酸雨的定義是pH值在5.6以下的雨才是酸雨。

這和剛剛介紹pH值低於7就是酸性的概念似乎有差異。為什麼pH值為6的雨不算酸雨呢？

實際上，就算沒有大氣污染的地方，雨也不會是中性。原因是大氣中有二氧化碳（CO_2）存在的關係。若大氣中的二氧化碳溶於雨水的話，二氧化碳會與一部分的水反應，生成氫離子（H^+）和碳酸氫根離子（HCO_3^-）。若大氣中二氧化碳濃度為380ppm的時候，空氣長時間和雨水接觸的話， pH值會變成5.6附近，而使雨水變成弱酸性。因此，pH值為5.6的雨水是「正常」的雨水，pH值低於5.6的雨水才認定為酸雨。

原因

酸雨的成因之一，是硫氧化物和氮氧化物被排放到大氣裡，而此兩類污染物質經酸化與雨水結合，會便形成硫酸（H_2SO_4）與硝酸（HNO_3），使雨水成為酸雨（如**圖10-1**所示）。

在日本的雨水，除了少數地區外，幾乎pH值都低於5，都是酸雨。

在日本造成酸雨的大氣污染物質，是哪裡排放出來的呢？

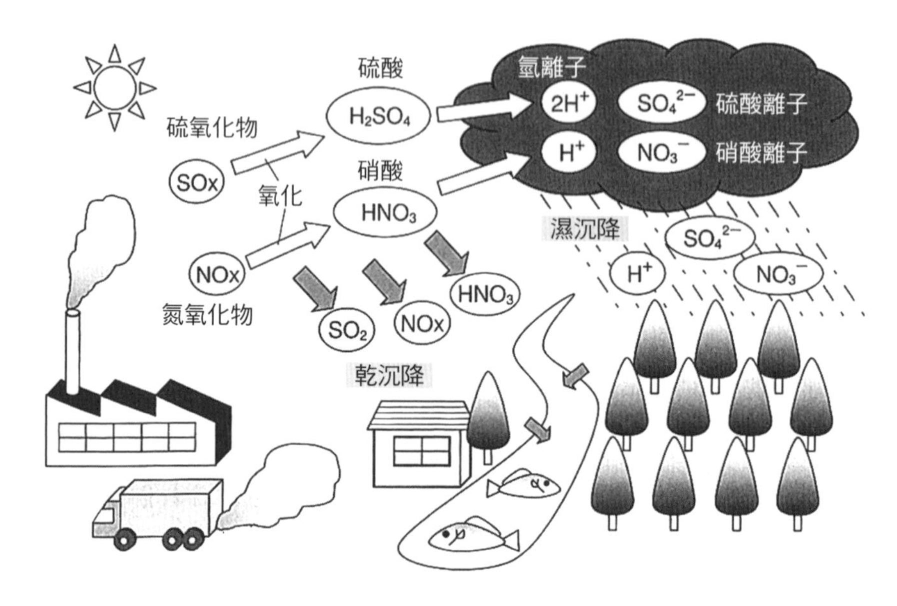

圖10-1　酸雨的產生機制

若將雨水中的硫酸根離子（SO_4^{2-}）和硝酸根離子（NO_3^-）的濃度做比較的話，就可以知道硫氧化物和氮氧化物誰是犯人了。

但是必須注意的是，硫酸根也是海水裡固有的離子，若海水被風吹到陸地上空，那海水裡含的硫酸根離子也會包含在陸地上空的酸雨裡。因此在進行酸雨來源確認時，測得的酸雨裡的硫酸根離子濃度必須扣除海水由來的硫酸根離子。

在日本，若將海水來的硫酸根離子濃度扣除的話，酸雨內硫酸根離子濃度與的比值硝酸根離子一般約為2至4。硝酸根離子顯然較硫酸根離子多。日本對於硫氧化物的管制在世界上算是很嚴格的標準，但為何雨水還是有這麼多硫酸根離子呢？

表10-1是不同研究機關對日本降下的硫氧化物的來源推測的結果。依據日本三個研究機關推估，日本國內人為的硫氧化物排放量約占四成，而火山排放源也占了二成（請參閱第二章）。而剩下的部分，有二成

表10-1　在日本硫氧化物沉積物的發生源比例推估

研究執行機關	研究對象期間	發生源　單位：（%）				
		日本	火山	中國大陸	朝鮮半島	其他
世界銀行	1990	38	45	10	7	0
電力中央研究所	1988～1989	40	18	25	16	1
大阪府立大學	1990	37	28	25	10	0
山梨大學	1988	47	11	32	10	0
中國科學院	1989	94		3	2	1

資料來源：市川（1998）。

可能是從中國大陸擴散過來，有一成可能是從南韓擴散過來。由於在日本上空中，有自西向東的偏西風之盛行風，因此可能在中國大陸及韓國產生的硫氧化物，由偏西風帶到日本，最後形成酸雨。

依據日本環境省使用數值模型計算的結果，在冬季日本的硫氧化物沉積量約有62%是從中國大陸擴散過來的，而源自南韓與北韓的也約占16%。特別是直接承受由西過來的季節風的日本海側，硫氧化物沉積量特別地高。

2002年日本硫氧化物排放量為86萬公噸，而較日本經濟規模小的南韓則有50萬公噸，中國大陸依2004年的統計為2,254萬公噸（美國為1,385萬公噸，OECD加盟國為3,165萬公噸）。這樣來看，在日本沉降的酸雨有超過六成的酸性物質是從中國大陸擴散而來的可能性很高，但是中國科學院的計算認為僅占3%。

雖然研究機關間的結果多少有差異，不過共同的結果是日本的酸雨污染和中國大陸的大氣污染不能說全無關聯性。每年春天，西日本的天空會變得黃濁，而雨乾了以後，也會看到黃色粉末的痕跡。這是砂塵暴飄來的結果。而不只砂塵暴，包括硫氧化物等氣狀污染物一起飄到日本的可能性也很大。隨著中國大陸快速的經濟發展，今後大氣污染更嚴重的憂慮也更深（請參閱第十二章）。

但是日本都市地區降下的酸雨，硫酸根離子與硝酸根離子的比例很接近1，這表示硫氧化物和氮氧化物的污染是同一個水準。日本都市地區的汽車排氣的污染也不可忽視。

在北關東地區的赤城山與日光的山上，南斜面的樹木愈來愈枯萎。一個原因也可能是東京都心的汽車排放出的污染物質，隨著風擴散到北關東地區，形成酸性霧（強酸性的霧容易附著於樹木的葉子和樹幹，會對樹木造成損害），而之後在空中反應成光化學氧化物質，飄到東京側的斜面，因此這一區的樹木枯萎的情形很嚴重。這也不一定是國外造成的環境污染的損害。

森林損害

酸雨被世界注意開始是在歐洲發生的環境問題，不只德國，歐洲的中部和東部都有大範圍的森林受損。

1980年代歐洲因酸雨而導致國內森林的面積，捷克斯洛伐克（現在的捷克共和國與斯洛伐克共和國）有70.5%，希臘與英國也有接近64%的森林受損。捷克、斯洛伐克、丹麥、荷蘭、匈牙利也都各有5%的森林遭受重度的損害而枯死。

不過和全球暖化一開始的困難點一樣，要證明森林的衰退和酸雨的因果關係不是那麼容易。而就算在溫室裡栽培樹木，再用人造的酸雨澆灌，也沒有完全成功再現實際森林的損害。

樹木的生理機能也是由許多複雜的因素影響。

樹木會遇到菌類、昆蟲與鹿等動植物生態上的侵害，還有鹽害、風害、落雷、乾燥與低溫等環境壓力。像人一樣，健康的時候有足夠抵抗的能力，但是若酸雨與酸性霧侵蝕樹木的組織的話，樹木的抵抗力也會變得很弱。

此外，樹木的抵抗力會變弱的原因之一，為土壤中的鋁離子被溶解

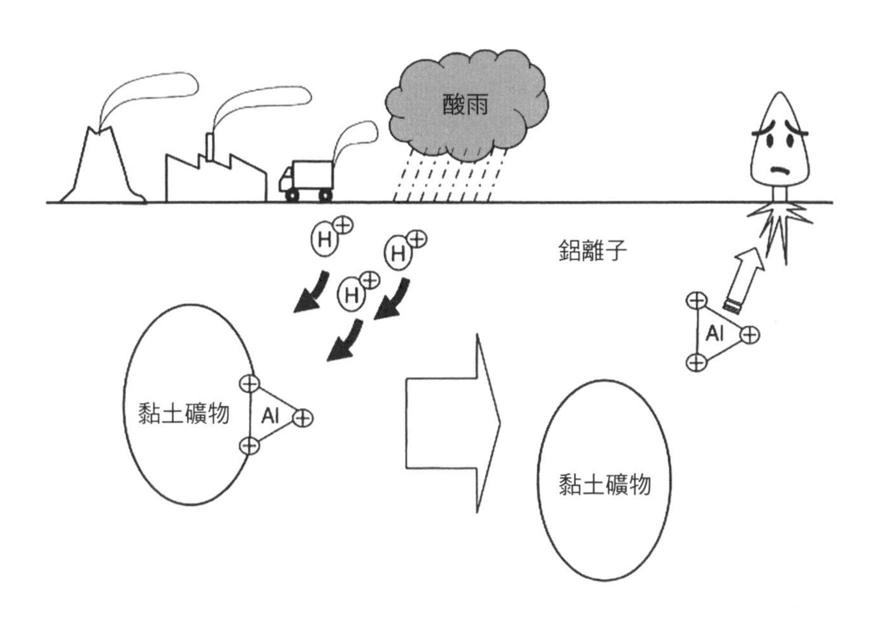

圖10-2　鋁離子的溶解過程

的關係。

土壤中，陽離子（正電）的鋁離子會和帶有陰離子（負電）的土壤粒子結合。若酸雨進入土壤的話，酸雨中的氫離子（正電）會取代鋁離子和土壤結合，被釋放的鋁離子對植物會造成不良的影響，如圖10-2所示。

溶解出的鋁離子若被植物的根吸收，阻礙根的伸展。這樣的話，植物在生長的過程就無法獲得充足的水分和養分，對病蟲害與環境壓力的抵抗力也會變弱。

湖的酸化

自然界受酸雨的影響的地方很多，比森林受害更容易發現的還有湖泊。

北歐和北美因酸雨使湖水pH值下降，甚至有許多的湖變成生物無法棲息的環境。在瑞典有9,000個湖，酸雨明顯影響湖裡生物的棲息狀況，在挪威也有7條大河裡失去了魚的蹤跡。瑞典南部的湖沼裡，1935至1971年間，pH值甚至降了1，意即水中的氫離子濃度增為10倍之高。

魚類本身對pH值的變化其實沒有那麼敏感。pH值從7降到6時，四分之三的魚還是能存活。但是最受影響的是水生昆蟲等魚的食物。當pH值從7降到6時，水生昆蟲的數量約會減少50%，而淡水貝類更是劇減25%。魚類本身雖然沒有直接受到太大的傷害，但因為河、湖水酸化的關係，魚餌銳減，連帶的連魚類也很難生存。

再回來看看日本的湖。在日本的湖以火山湖居多，也有原本就屬於強酸性的湖（如東北地區福島縣盤梯山的五色沼），本質上和瑞典等歐洲中性（pH7）與弱鹼性（約pH7.5）的湖居多的狀況不同。因為湖形成的原因不同，所以日本的湖較不容易酸化。

抗酸化強的日本湖沼

現在的日本列島，若從地質年代來看的話，以前許多地方都在海底，覆蓋滿了珊瑚礁。

珊瑚礁是由珊瑚蟲等小動物的集合體。珊瑚蟲會吸收海裡溶解的二氧化碳（CO_2）與鈣離子（Ca^{2+}）形成碳酸鈣（$CaCO_3$）的殼。新的珊瑚蟲會附著在死亡的珊瑚蟲的殼上，繼續形成碳酸鈣的構造。長久歲月反覆地進行下，在溫度較高的近海地區會形成了許多造型獨特的珊瑚礁。

部分珊瑚礁的骨骼在海底沉積後，會變成石灰岩。石灰岩再隨地層進入地底之後，經過高壓、高溫的作用下，會形成大理石。珊瑚礁、石灰岩與大理石在化學上都是由碳酸鈣構成的物質。

日本列島大部分為石灰石與大理石等覆蓋的海底陸地隆起形成。因此，日本的河川與湖沼等水體的岩盤也以碳酸鈣的成分居多。碳酸鈣若溶解在水裡的話會形成鹼性的環境，因此湖沼的水會呈中性或弱鹼性。雖然碳酸鈣只會溶解於中性的水裡，這時若酸雨降入水體的話，碳酸鈣會與酸中和，產生二氧化碳，pH值不會有太大變化。

在碳酸鈣含量多的水裡面，就算有部分的酸液滴入水裡的話，水的pH值也不會產生太大的變化，這種性質稱作緩衝溶液。由於碳酸鈣具有這種性質，因此在日本，即使下酸雨，湖水仍保持中性或弱鹼性。

日本的森林必未像歐洲的森林受到嚴重損害還有一個原因，即日本的土壤中含有大量的石灰成分。此外，在日本原本就有許多火山的地區。火山性酸性地域本來就演化出許多耐酸性，甚至好酸性的植物。因此這也是日本森林沒有太大損害的理由。

北歐和日本的湖沼形成方式也不一樣。由冰河削出的U字谷、曲谷與峽灣將原本地表的碳酸鈣也帶走，因此現在水體的底部表層是以前較深層的中性花崗岩等沒有緩衝能力的火山岩。因此，若因英國、法國與德國等工業大國產生的酸雨降到水體裡面的話，pH值會有一定程度的下降。

日本的湖沼雖然本身具有緩衝作用，但也不是可以無止境地承受酸雨帶來的衝擊。目前也有學者指出二十一世紀後半以後，日本也會有些湖泊因長久面臨酸雨的污染，喪失本來的緩衝能力。

文化資產的損害

除了生態系以外，酸雨對文化資產（日文：文化財）的影響也很讓人擔心。歐洲許多的歷史建築物是用大理石建成，大理石的成分也是碳酸鈣，若遇到酸雨的話，表面也會一點一點溶解。在歐洲，許多文化資產的壁面已經溶解或是變成黑色，這些都是酸雨造成的損害。

日本的文化資產多為木造建築，目前尚未有因酸雨造成的嚴重損害傳出。但是也不能說一定沒有損害。在室外的雕像也有慢慢變黑的傾向。

亞洲的酸雨對策

日本的酸雨狀況未來的發展，和可能潛在的損害到底有多少，目前都還不明朗。

中國目前隨經濟發展排放出的二氧化硫仍持續增加，雖然近年增加的幅度有稍稍減緩的趨勢，但年總排放量還是日本的近20倍。亞洲成為全球最大的硫氧化物排放區域。

若污染的源頭是在國外的話，無論受害的國家怎麼努力，都沒辦法徹底解決。歐洲在酸化的土壤與湖泊中撒石灰，試圖用石灰中和酸化的土，使其回復成中性的狀態，但這些只能治標，不是治本的對策。

歐洲於1979年締結了「長程越境大氣污染條約」（Convention on Long-Range Transboundary Air Pollution），而根據此條約，之後推動的「赫爾辛基議定書」（1987年正式生效）與「索菲亞議定書」（1998年生效）裡更具體訂定硫氧化物與氮氧化物的削減對策，因此近年也愈來愈有成果。

在亞洲不少國家也希望能建立像歐洲一樣跨國的污染削減策略，但實際推動時遭遇許多困難。歐洲各國的經濟水準接近，問題的看法也相仿。但在亞洲，新加坡和日本是經濟水準較前面的國家，韓國居於開發中國家的領先地位，還有其他開發中的經濟體。而中國大陸和東南亞各國雖然環境污染防制開始起步，但還是以經濟開發為優先，還未像歐美各國對硫氧化物排放進行污染削減策略。反之大氣污染排放量還是預估會一直增加（如**表10-2**所示）。

在這樣的背景下，亞洲各國於2001開始共同建構「東亞酸雨監測網」。這個計畫的目的是共同推動監測技術的技術移轉及共享監測資料。以這個計畫為出發點，期待各國能利用長期區域性的資料庫，推動具體的酸雨防制策略。

表10-2　日中韓的大氣污染物質排放量預測　（單位：百萬t）

污染物質	二氧化硫			氮氧化物	
年	1990	2010	2020	1990	2020
中國大陸東北部	11.9	25.3	32.5	6.9	26.8
日本	0.8	1.0	1.1	2.6	4.6
韓國	1.7	4.1	5.6	1.1	5.1

資料來源：日本地球環境戰略研究機關（2006）。

光化學氧化物

光化學煙霧

包括氮氧化物和揮發性有機物（volatile organic compounds, VOCs）的一次污染物被排出後，大氣中與太陽光進行反應的話，會生成稱為二次污染物的光化學煙霧物質群，這樣的反應稱為光化學反應，而光化學氧化物造成的大氣污染稱為**光化學煙霧**。

光化學煙霧的成分中有90%為臭氧。臭氧在平流圈裡能替自然界的生物吸收紫外線（請參閱第八章），但實際上是強刺激性的氣體。臭氧的氧化力非常強，能快速將物質氧化分解，因此常被使用於除臭和殺菌。

除了臭氧之外，光化學氧化物裡還有一種具複雜結構的化合物過氧醯基硝酸鹽（peroxyacetyl nitrate, PAN）。PAN的氧化力也非常強，會刺激人的眼睛和喉嚨，即使濃度很低也會影響植物生長。因為PAN只會由光化學反應生成出來，因此可以做為光化學煙霧的指標物質。

尚未被改善的狀況

目前各國針對傳統的一次污染物的防制策略已經漸漸有成效，但二

次污染物的光化學煙霧的污染狀況卻始沒有顯著改善。在日本全國裡的大氣污染監測站裡，2005年度光化學氧化物一次都沒超過環境標準的監測站竟只不超過0.3%，換言之，幾乎所有的監測站附近地區都有光化學煙霧的污染發生。

日本「大氣污染防止法」內規定「人的健康或生活環境有被害發生的疑慮時」，地方政府的首長（都道府知事）必須發布注意消息與警報。2006年裡，二十五個都府縣總共發布了一百一十七天對於光化學煙霧的注意消息。同年也發生286人因光化學煙霧污染而就醫的紀錄。

光化學氧化物生成的前趨物為氮氧化物與VOCs。但由目前的環境監測數據來看，氮氧濃度已經相當地低，VOCs則維持在同樣的水準。由於汽車排氣的VOCs排放標準設定的關係，現在汽車所排出的VOCs的量已較以前降低許多。但為了達到更高的削減目標，環境省修訂了「大氣污染防止法」，自2006年度開始工廠等固定排放源也設定了VOCs排放標準，也同時鼓勵其他的事業場所自主採取VOCs的削減措施。目前的政策目標是希望在2010年底能將固定排放源的VOCs排放量減少30%。

表10-3　日本2005年度大氣污染物質的環境標準達成率

<table>
<tr><th colspan="2"></th><th>光化學氧化物</th><th>硫氧化物</th><th>氮氧化物</th><th>懸浮微粒</th></tr>
<tr><td rowspan="2">環境標準達成率</td><td>一般環境監測站</td><td rowspan="2">0.3</td><td>99.7</td><td>99.9</td><td>96.4</td></tr>
<tr><td>汽車排氣監測站</td><td>100</td><td>91.3</td><td>93.7</td></tr>
<tr><td rowspan="2">監測站數</td><td>一般環境監測站</td><td>1,157</td><td>1,319</td><td>1,424</td><td>1,480</td></tr>
<tr><td>汽車排氣監測站</td><td>27</td><td>85</td><td>437</td><td>411</td></tr>
</table>

資料來源：日本環境省，「環境白書」2007年版。

光化學煙霧的跨國傳輸

在本章前面曾介紹日本首都圈汽車排氣排放出的光化學氧化物，擴散到北關東地區，是日光深山裡的植物損害的原因之一。光化學氧化物在離排放源很遠的地方都被檢出。

2007年5月8日到9日，從九州到東日本，曾監測到大範圍的高濃度光化學氧化物。北九州市當時立即發布了警報，並中止市內小學的運動會。

以國立環境研究所為中心的研究團隊將當時的狀況用電腦模型模擬解析，發現當時在中國大陸東海岸形成的大氣污染氣團往東移動的現象。而模擬結果也證實這個氣團會導致從九州北部到東日本都產生高濃度包括臭氧的光化學氧化物污染。這是首次光化學氧化物的警報涵蓋東西方向500km大範圍的事件，也是因鄰近國家的大氣污染影響日本的一個具體事例。

專欄 1970這一年發生的事

1970年7月18日，東京都杉並區的立正高等學校，師生4人在體育課時，突然覺得眼睛痛和頭痛，而被送到醫院。這天，東京都內有5,200人，鄰近的琦玉縣也有407人被通報眼睛感到刺激或呼吸困難。這些症狀都是光化學煙霧引起的。這個「事件」也是日本政府正式實施公害對策的一個重要原因。

1970年是日本公害管制政策正式成形的轉捩點。在此之前，有許多的都市地區居民認為公害只有在工業都市才會發生。而媒體全面發起反公害運動，將「公害列島」這個概念傳到日本全國各地。而之後

東京在2月裡連續三天發布大氣污染警報。光化學煙霧發生的地點並非工業地區，而是在住宅區。因此，大多數的國民才開始覺得公害是和全國所有民眾息息相關的重要課題。

政府同時也展現魄力，在7月成立中央「公害對策本部」，8月設置「公害對策閣僚會議」。然後11月到12月裡，召開後來被稱為「公害國會」的第六十四次國會議事，共十四個公害相關的重大法案被同意實行。隔年1971年，創立環境行政統合的環境廳（現在的環境省）。從此日本政府將經濟發展優先的政策目標，大幅轉變為環境保護優先。

在這個過程中扮演重要推手的人物是當時的佐藤榮作首相。佐藤首相以內閣直屬部會的特例，設置了「公害對策本部」，並自己擔任本部長。之後，在當時的厚生省（譯註：現在為厚生勞働省，類似我國現在的衛生福利部）強力反對下，佐藤首相也排除異議，決定設置環境廳。

為什麼會發生這樣的演變呢？可能的因素有住民運動、媒體的宣導、革新派地方政府（當時和執政黨自民黨對抗的社會黨與共產黨支持的地方政府首長）的大力推動與內閣支持度的低落等。特別是由當時的東京都知事美濃部亮吉與橫濱市長飛鳥田一雄代表的革新派首長對公害管制的決心，吸引了廣大國民的支持。這也迫使佐藤首相必須採取更積極的對應的原因。

此外，美國國內對日本企業一直以來節省公害防治費用，而犧牲日本環境，製造出低價的商品輸出美國，造成美國對日本貿易赤字一直增加這樣的狀況感到不滿。因此美國政府也對日本政府施壓，希望日本政府能推行適當的公害防制措施。

在這些背景下，也由於佐藤首相大刀闊斧地改革，日本政府在1970年大幅改變了政府施政的方向。

Chapter

11 世界的淡水資源

引言

有識之士曾指出二十世紀是為了爭奪石油而發動戰爭的「石油世紀」，而二十一世紀則是可能為了爭奪水資源而紛爭四起的「水世紀」。

現今，水資源不足的地區逐漸增加中。原本水資源就不足的地區，問題則是變得更加嚴重。在地球的水資源中，人類可以利用的淡水最多僅有0.009%而已。然而，全世界對於水資源的需要量卻是逐年地增加中。

當一條河川流經兩個以上的國家時，上游流域的國家和下游流域的國家經常為了水資源的所屬權而起紛爭。像這樣的國際河川問題，是不太容易解決的。

本章針對世界中對於水資源的需求以及國際水資源的解決方法加以說明。

»»» 關鍵字 »»»

灌溉農業、點滴灌溉、水資源之迫切感、水事業民營化、國際河川

水之世紀

可用的水有多少呢？

在1大氣壓下，水在氣溫攝氏0度到100度之間為液體狀態。而地球正因為和太陽之間的距離能讓水保持在液體狀態，所以成為水之星球。如果地球再離太陽近一點，地球上的水馬上就會蒸發掉；如果離得遠了一點，就會變成冰之星球。就像是處於刀尖上的微妙平衡，地球上的水得以存在。

雖然是水之星球，但地球上的水有97.5%都是海水。只有2.5%為淡水。而七成以上的淡水都是南極的冰或冰河，剩下的部分則幾乎都在地底深處。

人類可以利用的湖水或河水僅僅不過是淡水的0.37%，占所有地球上的水資源的0.009%，也就是90ppm。而這些許的水資源支持著地球上超過65億人口的生命和生活。水資源的量未來並不會有任何改變。但另一方面，人口不斷地增加，每個人對水的需求也一直在增加中。在某些地區，水的供給需求平衡已達到臨界點。

水都用在哪些地方呢？

地球上的水資源絕大部分都被用在農業上。

在西元2000年國際會議「世界水論壇」所發表的「世界水願景」報告書中，水資源被劃分成「綠色水資源」和「藍色水資源」兩種。

「綠色水資源」是指涵藏在土壤中的水以及從地表蒸發後會再度回到地表的水。占全世界60%糧食生產量的「天水農業」（利用雨水灌溉的農業），主要是以綠色水資源為灌溉用水。「綠色水資源」大約有6萬km^3。

「藍色水資源」是指可以再生的水資源。河川或湖泊等的地表水或是涵藏在地表下的地下水皆包含在內。可利用的「藍色水資源」一年大約有4萬km^3。在1995年，大約有10%的「藍色水資源」被人類所利用。

表11-1中有「藍色水資源」的取水量和消費量。取水量指的是所能取得的「藍色水資源」的量；消費量指的是被使用後失去的「藍色水資源」的量。從取水量中扣掉消費量後，剩下的量就是回到河川或海洋的水資源總量。

就產業用水和都市用水來說，相較於取水量，消費量並不算太多。在工廠所使用後的水大多以工業廢水的型態回歸到河川。在家庭中所使用的水也一樣變成生活廢水回到河川。

但在農業來說，水資源主要都被用於灌溉上。這些被用於灌溉的水大多都滲流至地表下或是蒸發掉，並不會流回到河川。因此，在農業方面，消費量占了取水量相當大的比例。1995年農業上所利用的水資源就占了總消費量的83%。

表11-1　20世紀世界上藍色水資源的利用　（單位: km^3）

用途		1900年	1950年	1995年	擴大灌溉後的2025年預測值
農業	取水	500	1,100	2,500	3,200
	消費	300	700	1,750	2,550
產業	取水	40	200	750	1,200
	消費	5	20	80	170
都市	取水	20	90	350	600
	消費	5	15	50	75
	蓄水池（蒸發）	0	10	200	270
合計	取水	600	1,400	3,800	5,200
	消費	300	750	2,100	2,800

資料來源：世界水願景河川與水委員會編（2001）。

生活水準的提高及水資源的需求量

將來我們對水的需求量會是什麼情況呢？

伴隨著人口增加和經濟發展，都市用水預估將會增加，而農業用水將增加更多。為了要增產糧食，灌溉農地勢必會擴大面積。

灌溉農地雖然只有全部農地的17%，卻占了糧食生產量的40%。實施灌溉的地區，基本上皆為日照量多，降水量少的區域。因為只要有水，就能生產農作物。藉由灌溉，農業生產量將會大幅提高。

另外，在二十世紀中期發起的「綠色革命」，因為導入高收成率的新品種農作物，亞洲地區的農業生產量跳躍性地增長。新品種農作物的栽種需要加入很多肥料，也需要大量的水用以灌溉，因此綠色革命和灌溉農業的推進實為一體的兩面。

不僅僅是人口增加會提高農業用水的需要量，經濟發展占了更大程度的影響。因為經濟發展提高了人們的生活水準，肉品的消費量也隨之增長。

圖11-1顯示從1961年到2002年為止四十一年間世界一百七十一國的人均GDP（生活富裕度的指標）和總消費卡路里的關係。每一個點代表某國的某一年的狀況。

由圖中可看到，當GDP為100美元時，每人每天消費卡路里為1,800大卡； GDP為1,000美元時，每人每天消費卡路里為2,400大卡；GDP為1萬美元時，每人每天消費卡路里為3,000大卡。當GDP每增加10倍時，每人每天消費卡路里約增加600大卡。

雖然所得增加10倍，但每人每天消費卡路里也只有增加600大卡。這是因為即使變成有錢人，但每個人所能吃進的卡路里也有其上限。

在**圖11-2**中，橫軸的單位和**圖11-1**一樣，但縱軸則變成動物性卡路里的消費量。

當人均GDP為100美元時，每人每天動物性卡路里消費量只有86大

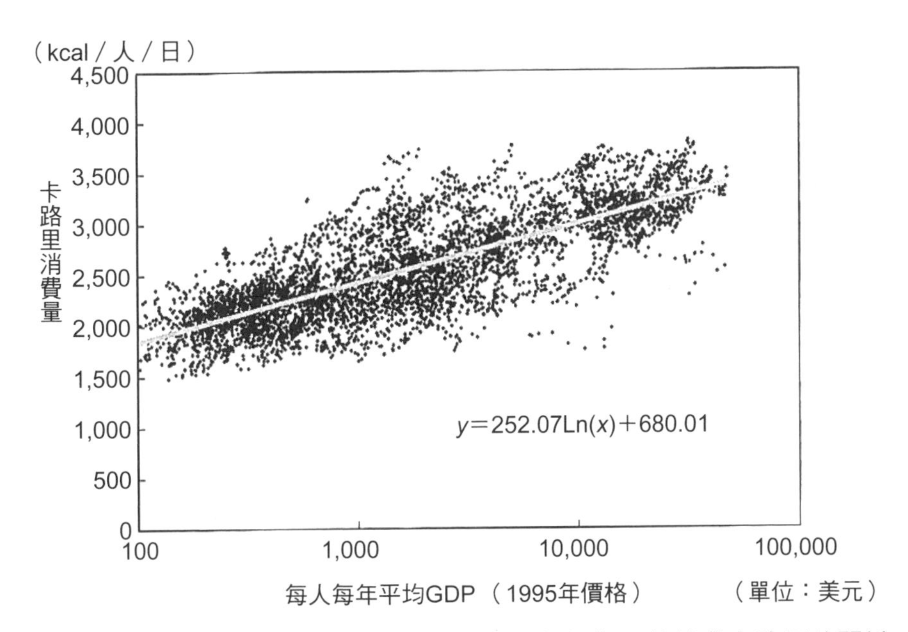

圖11-1　世界171國的人均GDP（生活富裕度的指標）和總消費卡路里的關係

資料來源：WDI 2005 CD-R；FAO STAT（2005）。

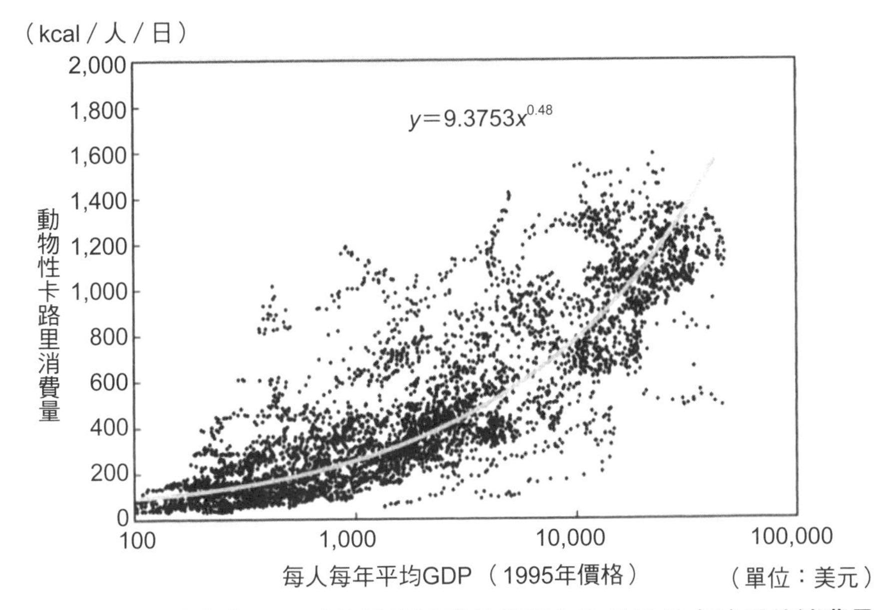

圖11-2　世界171國的人均GDP（生活富裕度的指標）和動物性卡路里的消費量的關係

資料來源：WDI 2005 CD-R；FAO STAT（2005）。

卡。但是當GDP增加為1,000美元時，消費量則增加為260大卡；GDP增加為1萬美元時，消費量增加為780大卡。由此可知，當所得增加時，每人每天消費的動物性卡路里有大幅度的增加。

圖11-1和**圖11-2**顯示出伴隨著所得上升，人們的飲食習慣也隨之改變，飲食中動物性食品的比例有大幅度的增加。當GDP為100美元時，每人每天所消費的動物性卡路里占總消費卡路里中的4.6%；當GDP增為1,000美元時，比例則增加為11%；當GDP為1萬美元時，則為26%。

當經濟發展程度愈高，人們就會消費愈來愈多的動物性食品，也就是肉品。為了生產肉品，需要生產穀物作為飼料。也就是說，當我們在吃肉時，是間接地透過家畜在消費穀物，而這會比直接食用穀物消費更多的穀物量。

所以，也會需要更多的水資源。因為要生產1公斤的小麥，大約需要其重量2,000倍的水資源，也就是2公噸的水。而要生產1公斤的牛肉，則需要其重量20,000倍的水資源，也就是20公噸的水。

雖然人口增加，糧食需求量也會增加；但經濟發展後，人們對於穀物的需求量更是大增，因此對於農業用水的需求也急速地增加。

水資源之迫切感（water stress）

當全世界對水資源需求量增加的同時，所能利用的淡水資源總量並沒有改變。因此每個人所能利用的水資源量是隨著人口增加成反比例減少的。從2000年開始到2025年之間，每個人所能利用的水資源預計會從6,600 km^3減少到 4,800 km^3。

上述的水資源量只是世界平均值，真正的水資源和人口並不是平均分布在世界中的。水資源尤其集中在北美洲（特別是加拿大）、東南亞和南美洲東部（亞馬遜河流域）。在這些地區以外，特別是從中東到撒哈拉沙漠以南的非洲地區及中國大陸北部，都面臨到深刻的水資源不足的問題。

在歐美各國或日本的家庭，每人每天的水資源消費量約為200L到400L。另一方面，中國大陸的黃河流域裡有每人每天少於20L消費量的地區，另外，在撒哈拉沙漠以南的非洲地區，每人每天的水資源消費量僅有10L到20L。這些地區的居民每天不得不倚賴著約為先進國家用水量的二十分之一的水資源來生活。

若是在某地區對於水資源的消費量超過當地再生可能水資源的40%，那就可以說這個地區有迫切的水資源問題。到2025年預計有一半的世界人口，約40億人，有可能生活在這樣的區域內。如果由於全球暖化而造成乾燥地區或半乾燥地區更加擴大，那就不止這個數字了。因此，如何確保水資源是二十一世紀的重要課題之一。

地下水位的下降

因為河川和湖泊的水資源有限，世界各地皆利用抽取地下水來灌溉農作物。由於柴油或電動小型抽水機的普及，使抽取地下水變得很容易。在中國大陸，有200萬台以上的抽水機用來灌溉900萬公頃的農地。在印度則有超過600萬口的井。從這些井裡汲取的井水被用來灌溉約2,500萬公頃的農地。

因為過度抽取地下水，導致世界各地陸續出現地下水位下降，最終井水乾涸的現象。

其中較大規模的例子為位於美國中部的奧加拉拉（Ogallala）含水層。此含水層是全世界最大的地下水層，從德州開始，橫跨南達科他州到懷俄明州，有足以覆蓋全美約50cm深的水量。

奧加拉拉含水層為美國灌溉農業和畜牧業的主要水源，其供應著全美20%的農作物，40%的牛肉生產。因為美國是世界最大的農產品輸出國家，因此若說奧加拉拉含水層支持著全世界的農畜產業也不為過。

若是乘坐飛機橫越美國本土，眼下會出現一個特別景象。在地面上有許多巨大的綠色圓盤，半徑約為數百公尺，整齊畫一地排列在地面上。這個景象就是所謂的同心圓式灌溉法（center pivot irrigation）。

同心圓式灌溉法的做法是，在農地中等間隔地鑿井，將水管平行的放在比農作物還要高的高度，水管上並有等間隔的開洞。然後從井中抽取地下水，以井為圓心，水管開始繞著井移動。如此一來，所抽取上來的地下水就會均匀的散布成一個圓。如此一來，可以有效率地並平均地灌溉農作物。因此，農地上會呈現出以水管為半徑的巨大圓盤狀耕地。

雖然說奧加拉拉含水層是世界最大的地下水層，但是此地下水層的水是自冰河時期以來所涵藏的水資源，並不是可以再生的水資源。而有20萬支的水管抽取著這些水資源。有些地區的抽取速度甚至是自然回復速度的10倍，因此地下水位急速地下降。到2020年，這個地下水層的四分之一極有可能枯竭。

灌溉用水的價格

水資源不足的問題能否解決，取決於灌溉用水能夠節約到什麼樣的程度。一般常被選擇的引水灌溉，實際上是較沒效率的灌溉方法。從水渠將水直接引到耕地的過程中，大約只有30到40%的水資源是真正被農作物所吸收，其餘的部分不是蒸發掉，就是滲透到地下深處。

水資源非常珍貴的以色列開發出水資源使用效率可以高達90%的點滴灌溉法。此法是將開了小洞的水管排列在耕地中，在小洞旁邊栽種作物。只有在需要水的時候，才對作物根部實施必要的灌溉。在印度，點滴灌溉法（drip irrigation）實施的成果不僅僅可以節約灌溉用水，更提高了農作物收穫量最大到50%。

既可以節約用水，又可以提高收穫量，這種一舉兩得的好方法為什麼沒辦法普及呢？為什麼農民不採用更有效率的灌溉方法呢？

原因在於灌溉用水的價格。大部分的國家都把灌溉用水的價格設定得比工業用水和生活用水便宜。如此一來，農民並沒有動機節約灌溉用水。雖然點滴灌溉法可以提高收穫量，但初期投資是不可免的。只要灌溉用水的價格愈便宜，要回收初期投資金額的期間就會愈長。對於農民來說，這種灌溉方法並沒有什麼吸引力。

或許有人會說，那只要提高灌溉用水的價格，不就可以了嗎？實際上並沒有那麼簡單。灌溉用水的價格對農民的生活有著直接的影響，各國皆出於政治因素而刻意將此價格設定的相當便宜。若是大幅度地提高水價，而引發了農民們的不滿，政府甚至有可能會被推翻。因此，灌溉用水的價格始終無法適當地被反映。

生活用水的民營化

除了灌溉用水，對於生活用水該由誰以及用多少價格提供，各方意見也始終分歧。

在世界各地，自來水事業的民營化一直持續進行中。水管的維護管理等若由民間企業負責，由於企業追求有效率地經營，自來水的供給成本自然會減少。

但自來水事業通常是虧損的案例居多。即使持續進行民營化，不管多麼有效率地經營，在現行的水費體系下還是入不敷出。在這樣的地區，若徹底實行民營化，水費勢必會上漲。

反對自來水事業民營化的人主張，開發中國家的貧困階級並不需要支付自來水費。因為自來水並不只是商品，而是生活中不可或缺的必需品。市民有取得自來水的權利。若是民營化之後，則是剝奪了市民該有的權利。

另一方面，主張應該民營化的人則認為，讓政府負擔大部分的成本而提供民眾便宜的水費是不合理的。若是供給成本沒有適當地反映在自來水價格上，使用者就沒有動機節約用水。最後，虧損逐漸累積，對於水資源和政府財政兩方都沒有好處。

另外，還有人認為，若是政府在貧困地區沒有建設自來水系統，居民就不得不用比自來水費高出好幾倍的價錢去買水。若是民營化之後，自來水事業收支可以達到平衡，如此就有能力在貧困地區架設自來水管，提供貧困地區的居民合理價格的自來水。

究竟哪一方面的主張是正確的呢？自來水應該是考慮經濟原則的商品抑或是不可侵犯的權利？這個問題並沒有所謂的標準答案，由於各地區的風土民情及經濟文化不同，是無法一概而論的。

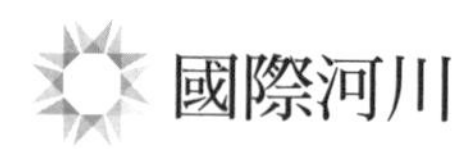

國際河川

水資源的問題和酸雨（請參考第十章）一樣有跨越國境的情形。

因為日本是島國，所以很幸運地並沒有國際河川的問題。但是，在全世界中橫跨國境的河川或湖泊就有二百七十處，其流域面積約占全世界陸地的47%，而居住在流域內的居民大約占全世界人口的六成。因此，世界上大約兩個人中就有一個人所使用的水是國際河川或國際湖泊的水。

國際河川會引發的問題通常是位於上游的國家和位於下游的國家處於對立的狀態。位於上游的國家為了自己國家的農業和經濟發展，過度地取用河川的水資源。如此一來，便導致位於下游的國家可使用的水資源逐漸減少。

在國際河川問題中，上游國家掌握著壓倒性的優勢。上游國家可任意取用自己需要的水資源，剩下的才留給下游國家。而下游國家對這種任人予取予求的狀況是無能為力的。若是上游國家在政治上又握有優勢，下游國家的水資源問題就會更加嚴重。

幼發拉底河

國際河川紛爭的例子之一為蘇美文明起源的幼發拉底河。幼發拉底河全長3,000公里，源於土耳其，流經敘利亞、伊拉克，最後注入波斯灣。相關地理位置可參照**圖11-3**。以往，幼發拉底河的水資源幾乎被最下游的伊拉克獨占使用。但1960年以後，土耳其和敘利亞也加入河川開發的行列。

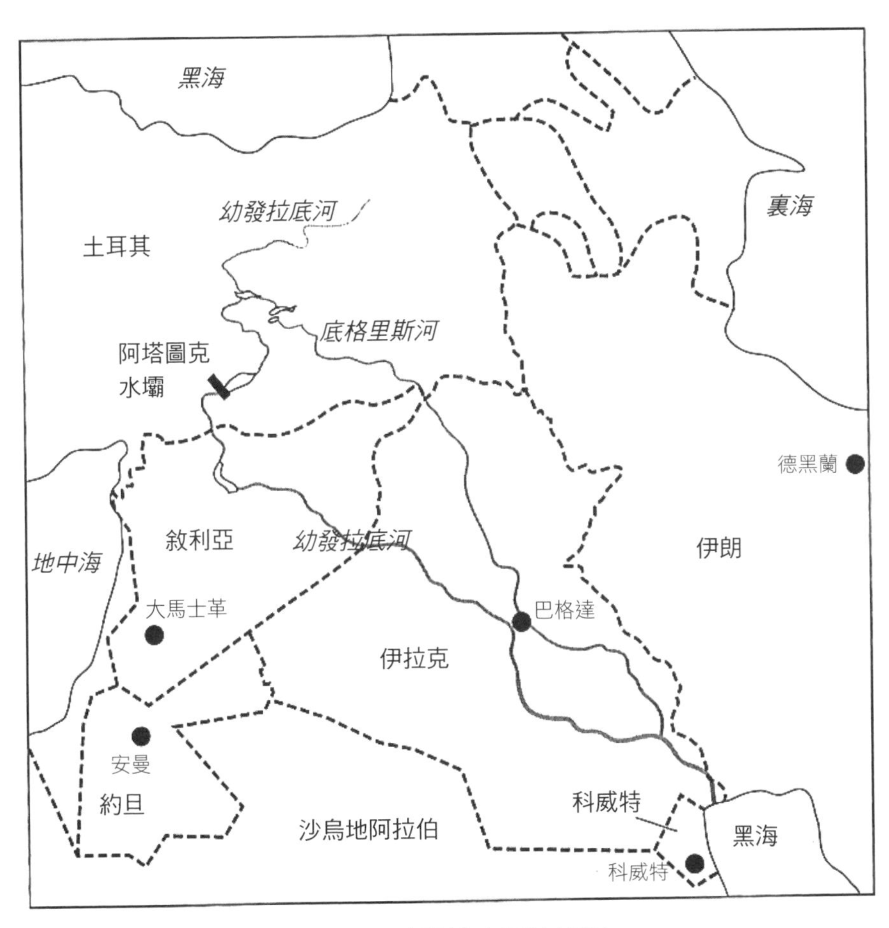

圖11-3　幼發拉底河流域圖

位於土耳其東南部的安那托利亞曾經是土耳其中的貧困地區之一。土耳其政府在此設立了東南安那托利亞開發公司（GAP），估計要建設24座水壩，用以灌溉170公頃的農地，可提供270萬千瓦的發電，以及350萬人的就業機會。

在GAP的開發事業中，最主要的是阿塔圖克水壩（Ataturk Dam）。這個巨大水壩的貯水量是日本所有大型水壩的貯水量加總後的兩倍。

土耳其政府從1989年開始，費時九年在這個水壩進行貯水計畫。提供了240萬千瓦的發電量，並可灌溉88萬公頃的農地。由於這個水壩，使得當地的農業生產量增加5倍之多，居民的平均所得也較其他地區高出許多。阿塔圖克水壩可說是土耳其農業開發的象徵。

敘利亞和伊拉克兩政府曾對阿塔圖克水壩的建設提出強烈抗議，因為此建設造成幼發拉底河下游的水量銳減。敘利亞政府主張已對該國的農業用水和生活用水造成深刻的影響。

從1980年代開始，幼發拉底河流域內的三國就曾為了此問題幾度召開會議討論，但到目前為止並沒有取得共識。只能暫時協定土耳其以平均每秒500立方公尺的速度放水到敘利亞。當時，土耳其國內面臨由庫德族發起的反政府運動，而有一部分的庫德族是接受敘利亞政府的援助。因此，土耳其政府以水庫放水到敘利亞的流量作為交換條件，和敘利亞政府約定中止對庫德族的支援。雖然土耳其政府堅稱他們有遵守協定的放水流量，但敘利亞方面則主張其接受到的水流量並不穩定，並沒辦法有效利用阿塔圖克水壩所放出來的水資源。因此問題還是沒辦法解決。

土耳其在政治上比敘利亞強勢，因此看不出有任何會對敘利亞妥協的理由。但是，由於土耳其長年希望能加入歐盟，為了能成為歐盟的一員，土耳其則不得不遵守在歐盟境內對於國際河川所訂下的規範。因此，土耳其政府或許會為了這點，而考慮對敘利亞和伊拉克作出讓步的政策。

在土耳其這個區域，還有其他擁有豐富水資源的國家。在這裡，水資源被視為戰略物資。因此土耳其也對近鄰各國輸出水資源。例如，在地中海的島國賽普勒斯，因為希臘族和土耳其族的對立，國家處於分裂狀態。土耳其政府就用巨大的袋子裝水，利用船運將水運送到賽普勒斯，藉以提高對賽普勒斯的影響力。

鹹海

當國內河川變成國際河川時，問題會變得更難解決。位於中亞哈薩克和烏茲別克交界處的鹹海就是一例（**圖11-4**）。鹹海的水源來自東邊的錫爾河和阿姆河，除此之外，並沒有任何流出的河川。從兩條河流所流入的水量，將位於乾燥地區的鹹海本身的蒸發量扣除的話，鹹海大致都能保持一定的面積大小。但是，現在的鹹海，水源流入量逐漸減少，導致和蒸發量之間的平衡崩壞，所以湖泊面積逐漸的縮減。

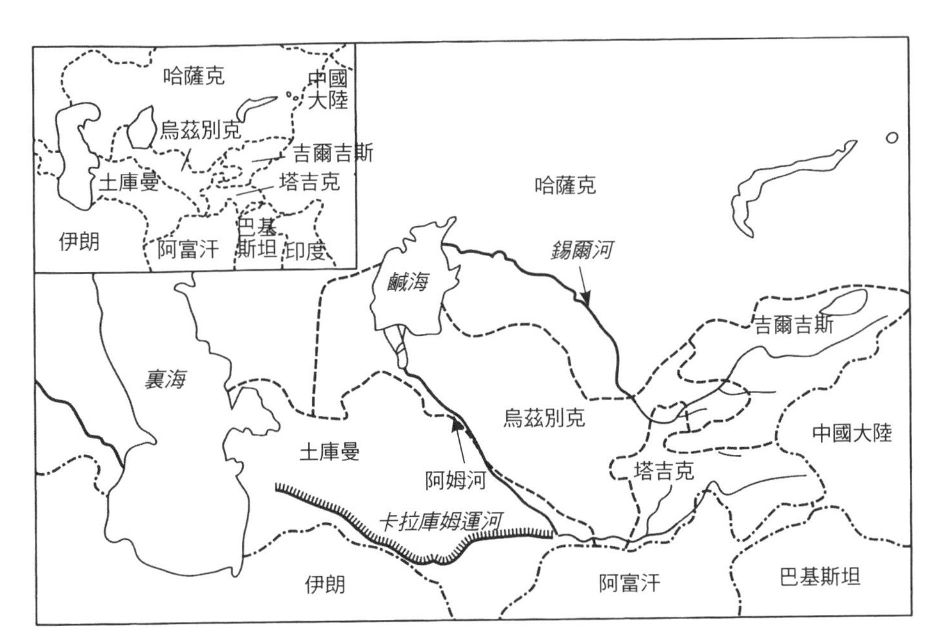

圖11-4　中亞地區示意圖

在這個地區，雖然氣溫和日照量適合農作物的成長，但是因為降水量不足，所以沒辦法從事大規模的農業生產。因此，舊蘇聯政府在1960年代開始計畫建築卡拉庫姆（Karakum）渠道，將阿姆河的河水引至位於遠處的裏海沿岸，以進行大規模的灌溉計畫。

此計畫有顯著的成果。沙漠地帶全部變成了棉花田，從1940年到1980年蘇聯的棉花生產量竟遽增4倍之多。在1980年代，蘇聯的棉花幾乎都在這個區域生產，使得蘇聯成為世界第二位的棉花生產國。

但另一方面，鹹海的環境卻一下子惡化許多。不僅僅是阿姆河，連錫爾河的水也在途中被引作灌溉用水，導致兩條河川幾乎沒有水注入鹹海。和1960年相比，鹹海的水量減少了75%，湖水的鹽分濃度增加了3倍，表面積縮小了54%，如圖11-5所示。

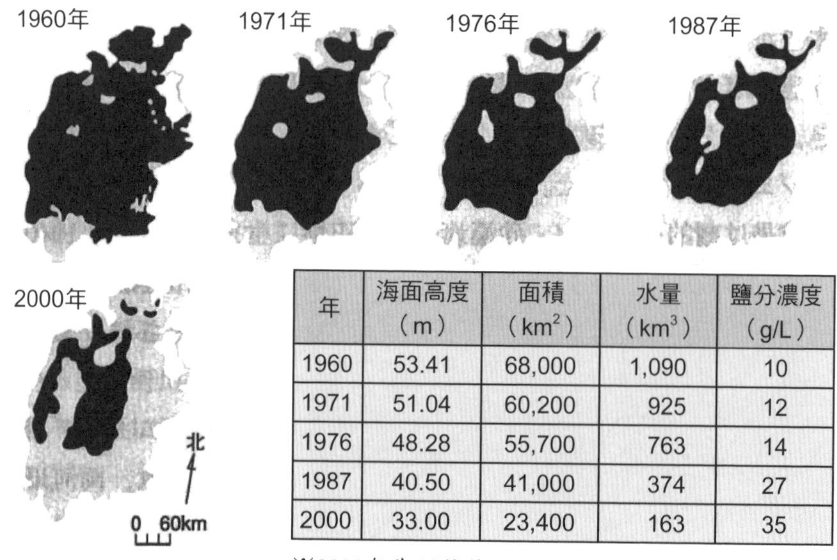

年	海面高度（m）	面積（km^2）	水量（km^3）	鹽分濃度（g/L）
1960	53.41	68,000	1,090	10
1971	51.04	60,200	925	12
1976	48.28	55,700	763	14
1987	40.50	41,000	374	27
2000	33.00	23,400	163	35

※2000年為預估值

圖11-5　逐漸縮小的鹹海

資料來源：日本哈薩克文化交流協會。

3萬6,000平方公里的湖底露出地面，水分蒸發後，只留下鹽分的鹹海變成了白色的沙漠。本來有6萬人賴以維生的漁業崩壞，湖水比以前的漁港往內縮了有數十公里。被拋棄在白色沙漠中的漁船照片成了對鹹海的環境破壞的象徵。

而鹹海周遭的氣候也產生了變化。雨量減少，夏天愈來愈熱，冬天愈來愈冷。農地有三分之一含鹽量過高，收成率降低了20到50%。除此之外，在灌溉地區，為了保持收成率，農民大量使用肥料和農藥，使居住在集水區域的5,800萬人的健康受到影響。因此，有人認為鹹海的環境破壞所造成的影響，更甚於舊蘇聯時期的車諾比核電廠事故。

而使得這個問題更難解決的是，鹹海、阿姆河和錫爾河隨著蘇聯瓦解，而變成了國際河川。鹹海被哈薩克和烏茲別克的國境一分為二。錫爾河則是發源於吉爾吉斯的天山山脈，流經塔吉克、烏茲別克和哈薩克。阿姆河則是發源於塔吉克境內的帕米爾高原，流經阿富汗、土庫曼及烏茲別克。因此要解決鹹海的問題，需要這些國家的通力合作。

在這些地區，舊蘇聯時期較沒效率的灌溉方法仍然被使用著，因此節約用水還有很大的發揮空間。只是在當地，使用水資源被視為理所當然的權利，所以農民們並沒有節約用水的動機。雖然說在這些流域內的各國，曾經附屬於舊蘇聯體制內，理應建立合作關係來解決水資源問題，但是由於政治上錯綜複雜的利害關係，最後是否能協調出有效的解決辦法則不得而知。

另外，阿富汗並不屬於舊蘇聯體制中，因此沒辦法順利和其他關係國家在同一個體係下一起協調。眼下，阿富汗處於戰後復興階段，為了重建以往的農業大國，勢必對阿姆河的水資源虎視眈眈。但是，如果連阿富汗都大量抽取阿姆河的水用以灌溉，那鹹海的問題就更難解了。

哈薩克或許已放棄搶救位於鹹海東側的大鹹海，因此在位於西側的小鹹海和大鹹海中建造了人工堤壩，然後刻意將河川的水引流回小鹹海，希望能藉此計畫讓小鹹海回復到以往的水位。

國際條約

國際河川的問題似乎陷入難解的泥沼中。不管哪一國，都面臨到水資源需求增加的局面。而上游國絕對是處於有利的地位。

不僅僅是幼發拉底河和鹹海，尼羅河上游的蘇丹和下游的埃及，約旦河上游的約旦和下游的以色列，恆河中游的印度和下游的孟加拉，印度河上游的印度和下游的巴基斯坦等，世界各地有許多國家都處於利害對立的關係。雖然締結了很多條約，但始終找不到根本的解決辦法。

在1997年，聯合國總會制定了關於非航運用之國際水路的國際條約。此條約以「公平及合理的利用」及對鄰近國家有「不引起重大災害影響之義務」為兩大原則。但由於條約內容欠缺具體性，因此也有人批評此條約並沒有辦法解決實際的問題。此條約要正式生效需要三十五個會員國的批准，但是由於蒲隆地、中國和土耳其等三國的反對，此條約尚未正式生效。此三國分別為尼羅河、湄公河、幼發拉底河的上游國。

二十世紀是石油的世紀，二十一世紀可說是水的世紀。意思是在二十世紀因為爭奪石油而引發戰爭，在二十一世紀則可能因為爭奪水資源而引發戰爭。前聯合國秘書長蓋里（Boutros Boutros-Ghali）曾說「下次在中東引發戰爭應該就是為了爭奪水資源吧！」。前世界銀行環境部門副總裁也說「二十一世紀應該會因為搶奪水資源而引發戰爭吧」。第二屆聯合國人類居住會議的秘書長也說「今後的五十年，各國之間或各民族之間劇烈紛爭的根源應該會從石油轉移到水資源吧！」。

另一方面，也有人認為以上主張或許太過悲觀。過去二十年，針對國際河川流域內各國家間互動關係的調查指出，有更加敵對的互動關係，也有愈趨友好的合作關係。而且後者有比前者增加更多的傾向。下游國為了爭奪水資源，不是訴諸武力，就是努力不懈地與上游國交涉。而通常在開戰之前，選擇持續交涉的下游國較多。

例如尼羅河流域的十個國家，包括長期不相往來的土耳其和約旦，總算一同坐上談判桌，成立了尼羅河流域國家組織（The Nile Basin Initiative），針對尼羅河的水資源進行國際交涉。而約旦和以色列也拋開了民族間的情結，開始共同檢討應如何有效地開發水資源。

湄公河流域內的六個國家（中國大陸、緬甸、寮國、泰國、越南與柬埔寨）之中，雖然上游國的中國和緬甸只以觀察員身分加入，其他四國還是成立了湄公河委員會。湄公河委員會以「永續開發」為目標，接受世界銀行或亞洲開發銀行等國際援助機構，以及日本等已開發國家的支援，已開始進行湄公河的開發計畫。

如今，水資源已慢慢地變成稀少資源，而各個國家在協調如何公平分配水資源的過程中，國家之間的互動關係也正慢慢地在改變中。

專欄 灌溉農業及鹽分堆積

灌溉農業毫無疑問是提高生產力的原動力，但是水資源的管理不當，則有可能傷害了土地的永續發展性。

灌溉用水在渠道間流動時，會一併帶走土壤或岩石中所包含的鹽分。有些地區則是本來的地下水就含有高濃度的鹽分。當被引入農地的灌溉用水被植物所吸收或是從地表蒸發後，本來包含在水中的鹽分則會殘留在地表。

另外，當過度供給灌溉用水時，多餘的水會滲入到地底，而導致地下水位愈來愈高。這會導致在土壤中的鹽分逐漸溶解在愈來愈高的地下水中，最後到達地表後被析出。

有些地區的地表就是像這樣子逐漸地白化。這就被稱為鹽分堆積。雖然說鹽分也是植物所需要的養分之一，但是過多的鹽分只會造成反效果。已經發生鹽分堆積的農地會有生產力減少的後遺症。

自從灌溉農業開始以來，鹽分堆積問題就一直困擾著人們。據說發源於底格里斯河和幼發拉底河沿岸的世界最古老文明——蘇美文明，在西元前2000年突然崩壞的原因之一就是鹽分堆積。有一說是因為上游過度的採伐森林以及灌溉農地的鹽分堆積，導致人們的主食大麥的產量遽減，最後造成蘇美文明的滅亡。

而在二十一世紀的現在，世界中的灌溉農地大約有二成因為鹽分堆積問題造成生產量減少，有三成的農地則是有受到影響。比較嚴重的有中國、印度與巴基斯坦等亞洲區域。

解決辦法包括將鹽分較少的水放流至農地中清洗農地，或是直接休耕數年，抑或是在農地中放入有孔的排水管等方法。但不管哪一種方法，每個工程都是需要一定程度的經費，因此現實中很少真正被實行。

Chapter 12

中國大陸地區的資源與環境

引言

在中國大陸，有許多的環境問題處於現在進行式。因此有環境專家稱中國大陸為「環境問題的百貨公司」。

在第十二章中將介紹幾個中國大陸現在正面對的環境問題。

最嚴重的是水資源的問題。中國大陸北方雖然是大穀倉，但是面臨著慢性的水資源匱乏問題。二十世紀後半黃河的下游已漸漸沒有水在流動。水質也相當污濁，目前尚無解決的辦法。

另外，因為中國大陸依賴煤為主要能源，空氣污染也造成相當嚴重的硫氧化物和酸雨問題。而都市中的汽車廢氣排放更加劇空氣污染。

雖然中央政府盡力制訂政策以防治污染，但是地方政府卻是一邊倒的支持開發，因此中央政府的環境政策未必能在地方被確實執行。

»»» 關鍵字 »»»

斷流、南水北調、煤、排煙脫硫

 作為研究案例的中國大陸

統計資料

若是要以全球規模來考慮環境問題的話，絕不能漏掉占世界人口八成的開發中國家。但是要一以概論是不可能的。

開發中國家有像新加坡、韓國、馬來西亞等國家，其經濟水準足以和已開發國家媲美，政府也具備良好的環境管理能力，但也有像撒哈拉沙漠南部非洲最貧窮的國家，完全沒有環境管理的人力及資源。

此外，沒有辦法取得實際狀況的資料也是常有的事。像日本一樣任何人都可以輕易取得齊全的環境情報的國家並不多。雖然聽說開發中國家環境持續在惡化中，但是當中有很多國家並沒有具體的數據可以顯示。

但是中國大陸對於統計資料的整理卻持續進行中。在中央政府和省政府每年發行的各種統計年鑑和網頁，不只揭露環境方面的統計資訊，其他關於社會、經濟、農林水產方面的資料也都很齊全。

連在日本很難取得的資料，在中國大陸也都非常容易取得。例如二氧化硫或化學的氧需求量（COD）的相關資料，在日本頂多只能取得環境中的背景濃度資料，但在中國大陸連業種或地區的排放量資料也都完整具備。

這一點和其他的開發中國家有很大的不同，也因此中國大陸的環境污染狀況較容易被掌握，並為許多重要的案例研究提供了重要數據。

但是，不得不注意中國大陸的統計資料的可靠性。因為為了配合國家政策，統計數據或許有可能被扭曲。

例如，常有人指出中國大陸的經濟成長率和貿易順差為了符合政策目標有被高估之可能性。另一方面，人口則有被低估的可能性。雖然報告中的合計特殊出生率（女性1人一生中所生產的胎數）為1.22，但據說中

國大陸的人口學家沒有人相信這個數字。

環境方面的數據也不例外，能源的消耗量和污染物質的排放量都有被低估的可能。即使如此，比起完全沒有資料的國家來說，至少可概略掌握全體的傾向，算是相對好的狀況了。

多樣的面貌

就算中國大陸的統計資料是可信賴的，但利用其作宏觀統計分析還是有限制的。因為即使中央和省的環境統計數據改善了，但是村鎮的資料不一定是正確的。宏觀統計雖然反映了國與省的平均值，還是無法反映出各地的真實狀況。

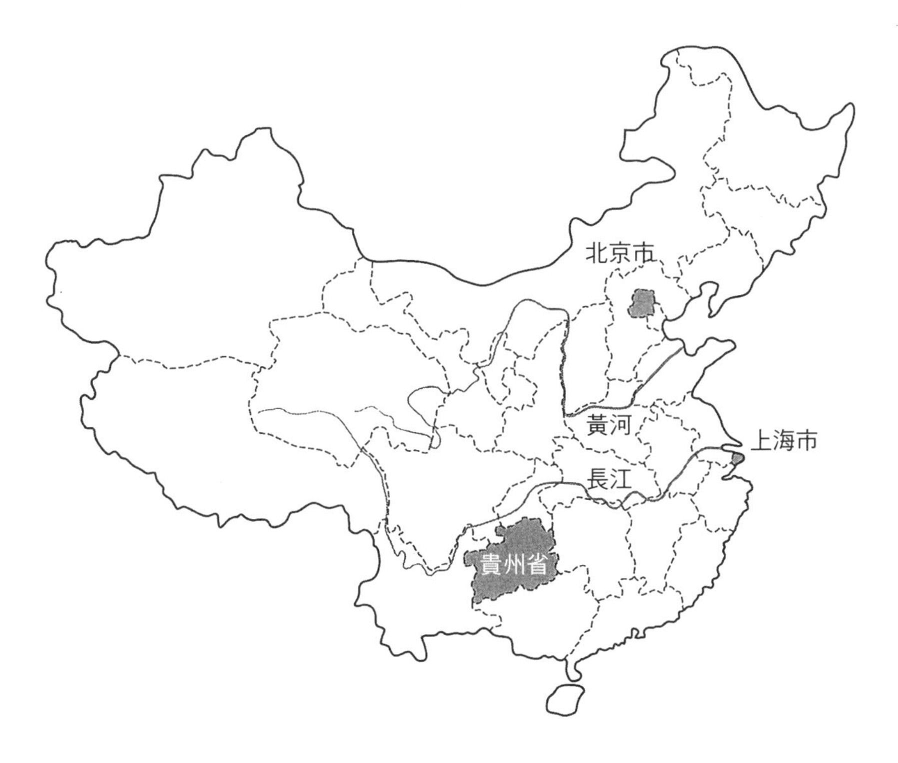

圖12-1　中國大陸地區概略地圖

中國大陸的國土面積僅次於俄羅斯、加拿大、美國，居全球第四位。相當一整個歐洲的廣大國土裡，有13億人口（相當於世界人口的五分之一）居住著。因此國家的平均值和各個地區的真實面貌其實相距甚遠。

在2004年，中國大陸的人均GDP是1,486美元，比起菲律賓的1,200美元，印尼的1,130美元，算是相當高。若是由區域來看，GDP最高的上海市（5,167美元）甚至比馬來西亞（4,520美元）、智利（4,930美元）等中所得國家還要高。而GDP最低的貴州省（493美元）則只有比低所得國的肯亞（480美元）、孟加拉（440美元）稍微高一點點（中國大陸有北京、上海、天津、重慶四個直轄市，二十三個省，五個自治區）。省和省之間的所得差距有11倍之差，導致一個國家內同時有中所得國和低所得國存在的現象。

這個現象也使得在中國大陸所發生的環境問題非常多樣化。長年以來研究中國大陸環境問題的日本專家，稱中國大陸為「環境問題的百貨公司」。幾乎所有的環境問題都可在中國大陸看到，而且全部都是大規模地發生，因此稱之為環境問題的「百貨公司」，而不是「便利商店」。

落後國家所遭遇到的沙漠化問題在中國大陸持續進行的同時，日本在四十年前所遭遇到的公害問題也逐漸在中國大陸各地發生。此外，由家庭垃圾和交通阻塞所產生的空氣污染等源於都市生活的環境問題也不斷發生。上海市或北京市的每人平均二氧化碳排放量遠比東京或福岡市等重工業較少的日本都市要來的高。

中國大陸政府為了因應各式各樣的環境問題，認真思考了不同的對策。例如指定環境指標都市，被指定的都市中的廢氣和廢水都被嚴格管理。但另一方面，也有不少地方政府認為經濟較環境重要。像是癌症村就被懷疑是因為水源污染導致村民相繼罹癌。或是也有都市因為生活用水太髒，所以理髮店不提供洗髮服務，在飯店旅館沒辦法沖澡。而這各式各樣一言難盡的問題就是中國大陸的現狀。

糧食需求、水與廢棄物

糧食需求

圖12-2為1961年到2002年之間日、韓、中國大陸三國每人平均GDP和動物性卡路里消耗量之比較圖。並另外用美國和法國的資料代替歐美國家作為比較（此圖是由**圖11-2**中選出比較對象的五國）。

從圖中可看出日、韓、中國大陸三國隨著經濟成長，所得增高，動物性卡路里的消耗量也隨之增加。只是日韓兩國雖然所得水準已和歐美並駕齊驅，但動物性卡路里的消耗卻相對地少

中國大陸在2002年所消耗的動物性卡路里已達到618大卡，遠超過同年的日本（572大卡）和韓國（478大卡）。1992年到2002年為止的十年

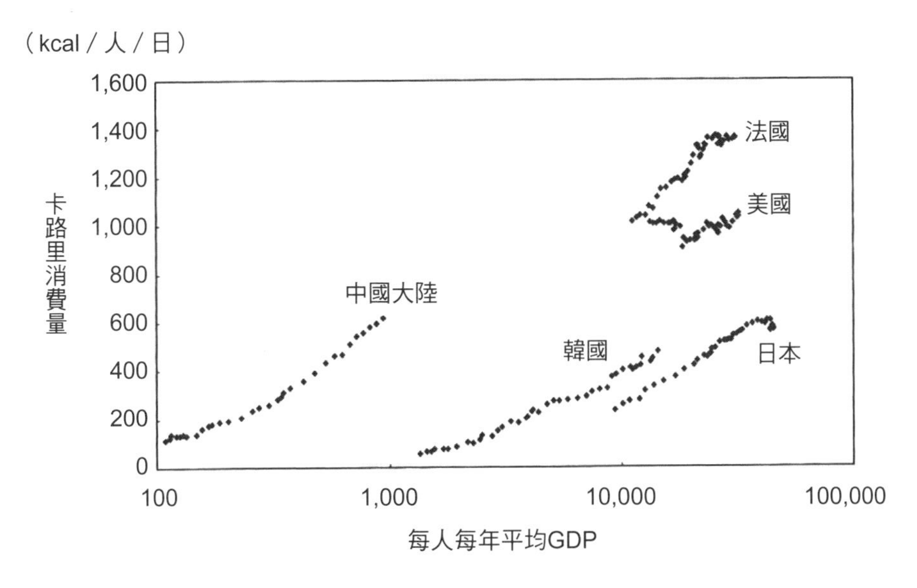

圖12-2　動物性卡路里消費量

資料來源：WDI 2005 CD-R；FAO STAT（2005）。

表12-1　穀物供需預測

	1997年（實際）	2010年（預測）	2030年（預測）
人口（億人）	12.36	13.9～14.2	15.1～16.1
平均每人的穀物需要量（kg/人）	385	415	450
平均每人的穀物攝取量（kg/人）	235	193	140
穀物總需要量（億公噸）	4.65	5.77～5.89	6.80～7.25
飼料用穀物比例（%）	27	38	50

資料來源：中國工程院報告書。

間，中國大陸的每人平均肉品消耗量從30.5kg增加到52.5kg，足足增加了七成。雖然有專家對此統計數據抱持疑問，但隨著今後的經濟發展，中國大陸對於動物性卡路里的消費或許會達到和歐美一樣的水準。

對於動物性食品的需求愈高，則為了飼養家畜的穀物需求也會增加。**表12-1**是中國大陸對穀物需求的預測。到2030年每人對穀物的直接攝取量會減少至1997年的六成。另一方面，飼料用穀物則是會從27%增加到將近1倍的50%，每人對穀物的平均總需要量預計會增加17%。同時考慮到人口增加，到了2030年，對於穀物的總需要量預估是7億公噸前後。

另一方面，2000年以後的中國大陸糧食生產量（穀物中也包含豆類和馬鈴薯）大約會略微超過5億公噸。在2003年雖然中國大陸還是穀物純出口國（出口量超過進口量），但黃豆和食用油等項目，中國大陸已成為進口大國。中國大陸在2006到2007年度的黃豆進口量適3,400萬公噸，是日本進口量的8.1倍，占世界總進口量的40%。若糧食生產量維持平行水準，需求量如預測般地不斷上升，那到了2030年，光是一個中國大陸就不得不進口約2億公噸前後的穀物。根據OECD（經濟合作暨發展組織）和FAO（聯合國糧食及農業組織），2006到2007年度的世界穀物總出口量是2億5,100萬公噸，預估到了2016年會增加到2億8,900萬公噸。若世界穀物總出口量的預測值沒辦法再增加更多的話，依照中國大陸的穀物進口量增加速度，全球穀物供需平衡將崩盤，穀物價格有可能大幅升高。

水資源的不均

因應穀物需求的升高，農業也勢必需要用到更多的水資源。另外，工業用水和生活用水的需求也在逐漸增加中。因此馬上面臨到水資源不足的殘酷現實。

相較於日本，中國大陸的降雨量算是偏少。日本年平均降雨量約為1,800mm，而中國大陸只有大約三分之一的600mm。而且水資源的80%都集中在長江以南地區，長江以北地區只有20%。中國大陸的兩大河川：南部的長江（6,300km）和北部的黃河（5,500km），比較兩條河川流域內的降雨量，可發現黃河流域的降雨量是長江流域的七分之一，水資源總量只有長江的十九分之一。因此，在歷史上，南部始終苦於水災，北部則苦於旱災。

另一方面，有67%的小麥，44%的玉米，皆在北部的黃河流域所生產。流域內農業生產因為取用黃河的水來灌溉，生產量一躍而上，但也導致上游的3000多座水壩有過度取水的問題。再加上水源地帶降雪量及森林的減少，1972年開始，黃河甚至出現有些區段的河水完全乾枯的「斷流」現象。

進入1990年代，斷流的狀況更加惡化。在1997年，一年中甚至有六成的時間（約二百二十六天）長達700km的河段及其流域是完全沒有河水在流動的。黃河的水真正一整天內能順利流進海洋的天數只有五天而已。在那之後，中國大陸政府藉由調節上游的水資源利用，改善了斷流的現象。雖然2000年後就沒有再觀測到斷流的發生，但是根本的問題還是沒有被解決。

因此中國大陸政府為了解決黃河流域水資源不足的問題，實施了「南水北調」的巨大計畫。此計畫是分別將長江的水利用「東線」、「中央線」、「西線」三條管線送往北部地區，並已於2002年開工。

「南水北調」計畫中的中央線終點為北京市。北京市雖然有官廳水庫和密雲水庫兩座水庫專門供給水源，但仍然飽受水資源不足之苦。由於旱災和上游過度取水，從這兩座水庫流入北京市的水量已由1950年代的十分之一減少到二十分之一。

其結果造成北京市愈來愈依賴地下水為主要水源，使得地下水位從1965年以來已降低了59公尺。為了因應2008年的北京奧運，中國大陸政府曾建立由周圍地區的水庫供應北京市用水的制度，但農村地區仍然飽受無水之苦。

水質的污濁

除了水量有限之外，下水道的不齊全及未經適當處理的農業廢水和工業廢水皆造成許多中國大陸的水質污濁問題。

中國大陸地區的水質共分為五類，從水質最好的I類到可以作為農業用水的V類。順道一提，中國大陸的主要河川約有三成連最差的V類水質都達不到，而被列為更差的劣V類（如**圖12-3**所示）。另外，自來水的水

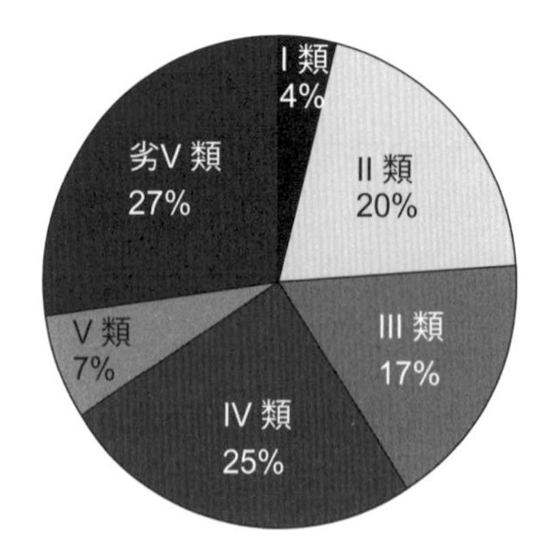

I 類	以水源用水、國家自然保護區為主
II 類	以生活飲用水一級保護區、稀少魚類保護區、魚蝦產卵場為主
III 類	以生活飲用水二級保護區、一般魚類保護區、游泳場所為主
IV 類	以一般工業用水區、不會直接與人體接觸的娛樂用水地區為主
V 類	以農業用水、一般景觀用水為主
劣V 類	--

圖12-3　中國大陸主要的7種河川水質分類（2005年，411個監測站）

資料來源：中國國家環境保護局。

質有達到標準的都市更是沒超過半數。根據水資源部門的報告，每天有3億人飲用被污染的水，每年有1億9,000萬人感染下痢等疾病，有3萬兒童因此死亡。若是沿著污染最嚴重的河流觀察，可發現周圍居民罹癌、兒童智能不足、婦女流產的狀況皆比平均數高出許多。

廢棄物

造成水質污濁原因之一的廢棄物，也是問題重重。中國大陸政府在國家計畫「中華人民共和國國民經濟和社會發展第十二個五年規劃綱要」中提出3R（reduce, reuse, recycle） 和「循環經濟」的概念。但是廢棄物相關法令制度是在進入1990年代後才被制訂，和空氣污染及水質管理比較起來，不能否認起步有點晚。

不管在哪一個國家，廢棄物的相關資料取得都不容易，廢棄物的定義和分類也因國家而有所不同。雖然沒有辦法像空氣或水質一樣有國際通用標準可比較，OECD還是推估中國大陸廢棄物的產生量，從1995年到2004年的十年間大約增加了80%。在2004年，中國大陸一天約產生370萬公噸的廢棄物。2005年日本的廢棄物總產生量（產業廢棄物和一般廢棄物的合計）約為每天130萬公噸，因此中國大陸境內每天所產生的廢棄物大約是日本的3倍。

從**表12-2**可看出 2004年中國大陸的廢棄物產生量和其處理狀況。產業廢棄物的量幾乎是生活廢棄物的8倍，這點和日本很接近。

但是仔細檢視其處理狀況，生活廢棄物的48%，產業廢棄物的21%都是處於待處理的「保管」狀態，因此處理設施的建造實為當務之急。

另一方面，從先進國家所進口的廢棄物從1999年到2007年的七年間增加了有4倍之多，其中2007年以廢紙、中古電氣製品、廢塑膠類為主就進口了4,224萬公噸。

表 12-2　中國大陸的廢棄物產生量及處理狀況比例

	生活廢棄物	產業廢棄物	有害廢棄物
總量（千公噸／日）	423	3,279	27
掩埋	44	22	7
焚化	3	0	0
堆肥	4.7	0	0
回收再利用	0	56	39
待處理（保管中）	48	21	34
未處理	0	1	0

資料來源：OECD（2007）。

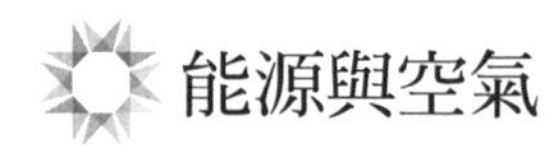

能源與空氣

一次性能源與能源使用效率

煤、石油、核能原料的鈾礦、水力與風力等這種本身就存在於自然界，而直接被人類拿來作為能源使用的資源被稱為**一次性能源**。而電力、汽油與瓦斯等由將一次性能源再加工而成的能源則被稱為**二次性能源**。

中國大陸的一次性能源供給量在2004年為16.1億公噸（石油換算，以下皆同），相當於日本2002年供給量（5.2億公噸）的3倍，並超過歐盟的14.8億公噸。中國大陸成為僅次於美國，位居世界第二大的能源消費國。

由統計資料來看，能源的使用效率近年來有大幅改善。產生GDP 10,000美元所需的煤，在1990年為5.32公噸，到2002年幾乎減少一半為2.68公噸。只是由於GDP可能被高估，能源消耗量可能被低估，因此這個數字只能僅供參考。根據國際能源組織（IEA）所公布的IEA Energy Balance 2006中的資料，日本的經濟產業省（譯註：相當於我國的經濟部）試算出中國每一個GDP所消耗掉的一次性能源是日本的8.7倍（歐盟是日本的1.9倍，美國則是日本的2.0倍）。

雖然能源的使用效率有改善，但由於經濟發展的突飛猛進，中國大陸已在1993年由以往煤或石油的出口國，轉而成為能源的淨進口國，並且進口量還一直在增加。有相關機構預測在2006年中國大陸會超越美國成為世界最大的二氧化碳排放國。今後的能源供給量也會不斷增加，2020年甚至可能達到20億公噸。

硫氧化物和酸雨

由於中國大陸境內有豐富的煤礦資源，因此對於煤的依賴程度相當高。目前為止中國大陸仍然是煤礦的淨出口國。2004年的一次性能源供給量中約有61.7%是煤礦。雖然中國大陸政府有計畫要提高天然氣和核能的使用比例，減少對煤礦的依賴程度，但今後煤礦的絕對使用量應該還是會增加吧。

尤其在電力方面，更是仰賴煤礦。中國大陸的發展委員會所揭示的2010年不同發電方式的發電計畫中，就指出火力發電會占總發電量的65%，而火力發電中的95%都是靠煤礦來產生電力。

愈是依賴煤礦作為一次性能源，那就愈避免不了硫氧化物的問題。在煤礦中，多的時候會含有約3%的硫磺為不純物質。如果就這樣將其燃燒，則會產生很多的硫氧化物。如**表12-3**所示，和其他先進國家相比，在同樣GDP的時點上，中國大陸所排放出的硫氧化物遠比各國多。

要減少硫氧化物的排出，有幾種方法。第一，使用含硫磺成分較少的燃料。第二，裝設排煙脫硫設備。第三，實施節能減碳。在這裡，我們先來看看前兩種方法。

首先，關於使用低硫磺含量的燃料。雖然在都市中煤礦被禁止使用，鼓勵家庭使用瓦斯，但是受限於天然氣的供給量，瓦斯要全面取代煤

表12-3　每1,000美元GDP的空氣污染物質產生量

國名	硫氧化物（kg/1,000美元）	氮氧化物（kg/1,000美元）	二氧化碳（kg/1,000美元）
中國大陸	2.9	1.7	0.53
加拿大	2.6	2.7	0.59
美國	1.4	1.8	0.55
日本	0.3	0.6	0.36
韓國	0.6	1.3	0.51
法國	0.3	0.8	0.24
德國	0.3	0.7	0.41
義大利	0.5	0.9	0.31
英國	0.6	1.0	0.34
OECD平均	1.1	1.4	0.45

資料來源：OECD（2007）。

礦是不太可能的。

折衷辦法是用水將煤礦中的硫磺成分洗去，稱之為「洗炭」。但此法需要大量的水，並且洗過煤礦的水也必須經過處理才可排出。中國大陸政府發布以50%的燃料用煤礦都要經過水洗為目標，但實際上經過水洗的煤礦遠比目標的50%來得低。統計數據上呈現很大的差異，有的資料顯示30%，有的資料則說連5%都不到。

另一個方法是裝設排煙脫硫設備。中國大陸政府規定新建設的煤炭火力發電廠有義務裝設脫硫設備，其他發電廠也慢慢在普及中。但是，在既存的發電廠和工廠，裝設脫硫設備的腳步則遲遲沒有前進。

瓦斯的普及、洗炭、排煙脫硫設備的裝設等都有助於減低都市中的硫氧化物濃度。但和東京相比，北京、重慶的濃度仍然相當高。如**圖12-4**所示，如果煤炭的消費量持續成長，那中國大陸全體所排出的硫氧化物也會比現在更多。2004年的硫氧化物排出量為2,254萬公噸，已超過日本的26倍。

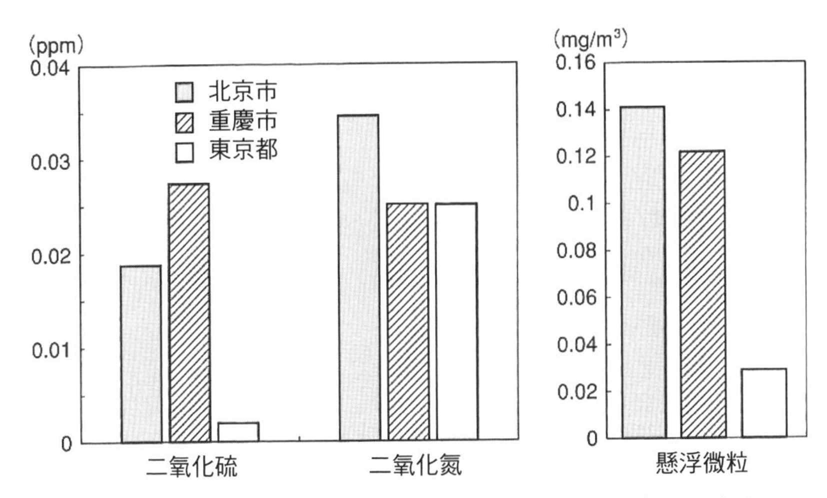

圖12-4　北京、重慶與東京都的大氣污染狀況（2005年）

資料來源：中國環境年鑑；東京都環境白書。

這不僅會導致日本的酸雨問題，中國大陸本土也會出現酸雨問題。雖然中國大陸政府聲稱硫氧化物問題正在持續改善中，但四川省的西南部曾觀測到pH4左右的高酸度酸雨，不僅對建築物造成傷害，高山森林也出現枯死的現象。

在北京等北部地區，降雨的酸度較沒有那麼高。有時是pH7或較偏中性的降雨。這應該是西邊的沙漠地區所吹起的黃沙的緣故。黃沙是鹼性的岩石所含的微小顆粒，被吹起的沙塵正好中和了酸雨的酸度。

都市的空氣污染

雖然說空氣污染問題正在改善中，但是發電廠或工廠所排出的煤塵和硫氧化物依然造成很多空氣污染問題。此外，都市中急速增加的汽車所排出的氮氧化物，與北方愈來愈多的黃沙使空氣問題更趨惡化。

在中國大陸，有2億7,000萬人居住在空氣品質未達標準的都市中。根據聯合國環境計畫，空氣污染造成150萬人罹患支氣管炎，每年有2萬

3,000人死於呼吸器官疾病，有1萬3,000人死於心臟疾病。

中國大陸政府根據硫氧化物、氮氧化物、懸浮微粒三個項目的濃度推算出空氣污染指數，以此指數為基準，劃分空氣污染狀況為I級到V級。每年都會公布空氣污染狀況最糟的十個城市。

北京市雖然沒有被歸類到最糟的十個城市中，但是根據天氣狀況，再加上汽車排放廢氣、黃沙、建築工地所散發出的煤塵等影響因素，空氣品質曾經掉到最差的V級。

市政府還曾呼籲市民盡量不要外出。前面出現的**圖12-4**是北京、重慶和東京的空氣污染物質濃度的年平均質比較圖。不管是北京或重慶，和東京相較之下，二氧化硫和懸浮微粒的濃度都偏高。

政府的對策

中央政府

到1980年代為止，中國大陸政府的政策一面倒地傾向發展經濟，對於公害的存在採取視而不見的態度，直到環境問題惡化到中國大陸政府不得不承認公害的存在。

1990年代以後，中國大陸政府開始認真地面對環境問題，並思考如何在兼顧環保的前提下持續發展經濟。於是，有許多近代的環境法令被制定出來，在國家的五年計畫中也明白指示以永續開發和改善環境為目標。

2005年12月，國務院決定要改進環境政策的實施。2006年，溫家寶總理發表了三點新政策方針：保護環境與經濟發展視為同等重要；追求不增加污染物排放量的經濟成長；採取綜合手段以解決環境問題。2008年3

月，為了提高國家環境保護總局在政府內部的地位，將其升格為環境保護部。

地方政府

在中國大陸，中央政府負責制定環境對策的相關法令，而實際運用法令去指導企業或懲處企業的則是省政府，或省政府以下的縣市等地方政府。這一點和日本的中央內閣和地方自治體的角色分擔有點類似。但是規範的方法則有所差異。

在日本，若不是惡意違法，即使工廠的廢水或廢氣有超過標準，也不會施以罰則。縣政府或市役所會針對超標的工廠實行輔導直到其改善為止。在中國大陸則是不管實際是否有無污染發生，只要看起來像是會產生重大污染的舊式工廠，就強制性地一律勒令歇業。

1995年8月開始到1996年6月底，共有1,100間舊式小型造紙廠被勒令關廠。

1996年到1997年6月底，則有十五種產業的舊式小型工廠，共約11萬家企業被迫停業。包括引起各種環境問題的小規模煤礦廠，在1997年還有7萬4,000多家在營業，到2000年其中的4萬6,000家已停止營業。

執法的困難性

並不是所有的地方政府都像中央政府一樣地重視環境政策。所謂的「上有政策，下有對策」，很多地方政府依然忽視國家政策而將經濟發展擺在第一順位，暫時不考慮環境對策。

另外，地方政府的環境監控和規範能力也有很大的差異。有很多地方政府想要規範境內企業，但卻心有餘而力不足。應受規範的市民或企業也總是有辦法鑽法律漏洞，導致法令無法徹底執行。這種狀況並不只出現

在中國大陸，很多開發中國家也有同樣的狀況。雖然有著非常完善的法令制度，但是行政單位並沒有徹底執行的意願或能力。

例如，地方政府應該對工廠所排出的二氧化硫的量課徵費用（排污費）。但有些地方政府的環境保護局因為不想一一去檢測工廠的排放量，就擅自運用自己的預算去支付排污費。另外，企業需申報所使用的煤炭的質和量，依據所申報的數字，地方政府向其徵收排污費。但有些企業為了不想付太多的排污費，就有可能故意申報較少的數字。

甚至如果地方政府遇到國營企業，由於地位在縣政府之上，地方政府更是沒辦法強力執行法令。此外，若是遭遇省或縣政府自己經營的企業，由於是自家人，也就會睜一隻眼閉一隻眼。遭受公害影響的市民即使向縣或市政府的環境保護局提出訴訟，結果也只會不了了之。

另外，還常有被勒令停業的工廠或礦廠在停業後又偷偷地再開工，或是雖然裝設了防止公害的設備，但為了節省運轉費用，一次也沒啟動過的例子。

但是，由於中國大陸對媒體的管制逐漸寬鬆，許多大眾媒體也開始向國內外報導公害的實際現況。遭受公害的居民們，也有提起訴訟後，打贏官司的案例。支援被害居民們的專家、環境方面的非政府組織也都愈來愈多，居民的草根運動愈來愈蓬勃發展。

中國大陸的國土廣大，有些地區的環境對策足以媲美先進國家，但也有些地方政府仍秉持著經濟開發優先的想法。由於經濟發展的快速，環境政策的實行是否追得上經濟開發的腳步是中國大陸政府的課題之一。另一方面，民眾的環保意識也在逐漸升溫中。因此，今後的中國大陸是否能兼顧經濟發展和環境管理呢？現在還沒辦法做出結論。

專欄 日本與中國大陸的環境合作

在日本，有許多地方自治單位、民間企業、非政府組織等各式各樣的人朝著改善中國大陸的環境為目標，超過三十年以上持續地就環境教育、公害防止、植樹等各方面與中國大陸進行合作交流。

在1996年，日本政府投入105億日圓在北京市成立日中友好環境保護中心。這裡不僅僅是提供給負責環境行政或研究的中國大陸政府部門利用外，也成為日本對中國大陸提供技術合作的據點。

2007年7月，由先進國家所組成的國際組織OECD（經濟合作與發展組織，總部位於巴黎）發表了244頁的「中國環境績效回顧」（OECD Environmental Performance Review of China）。這本報告書耗時三年，針對中國大陸的環境政策作了全面的調查分析。

在這本報告書中特別提到了日本對中國大陸環境所提供的合作，摘錄如下：

> 日本的「政府開發援助」（Official Development Assistance, ODA）（2004年所保證的有償與無償援助共計13億美元）雖然有減少的傾向，但在OECD援助國中仍是屬於提供非常多援助的國家。在環境方面有20%的援助（相較於其他OECD國家是相對多的），對於中國大陸的環境改善有顯著之影響。我們分析了從1996年到2000間開始的十六個計畫，結果顯示2003年的二氧化硫排出量減少了19萬公噸，COD的排出量減少了34萬公噸。共有十個都市的居民（約400萬人）受益於自來瓦斯計畫，有六個都市（約90萬人）受益於供熱計畫，有二十八個都市（約1,300萬人）受益於下水道計畫的〔OECD

〔2007〕, p.197〕

近年來的中日關係可以說沒有非常好。日本國內對於ODA也有諸多反對意見。中日兩國也達成共識將於開辦北京奧運的2008年終止日方對中國大陸的有償資金援助。其他的ODA援助或許也會更加減少。

但是，截至目前為止的ODA或民間所進行的環境合作，中國大陸當地的人都給予相當高的評價及感謝。中國大陸政府也頒發了對於中國大陸發展及人才育成貢獻的外國人來說，代表最高榮譽的「國家友誼獎」給數位日本環境專家。

中國大陸對於日本來說是一水之隔的鄰國。砂塵暴或酸雨對環境的影響也都會波及日本。對中國大陸來說，日本可提供有所幫助的環境技術和經驗。雖然ODA或許會減少，但之後兩國仍可透過各種管道進行環境交流合作，這毫無疑問地是對兩國都有益處的。

Chapter

13 環境影響評估

引言

為了達到建構永續發展社會的目標，我們必須將人類經濟活動對環境造成的衝擊降到最低。因此必須以科學的評估方式掌握各種不同活動對環境的影響。

在公共工程進行前，環境影響評估可提供此工程可能造成的環境影響。生命週期評估方法則可以把握某種製品的服務和使用過程中所有可能對環境造成的影響。利用這些環境評估方法估算出的結果，我們可以選擇一個對環境衝擊最小的方案。

本章將介紹這些評估方法的內容，以及介紹近年藉由環境標章認證，推動環境友善商品增加的一些努力。

»»» **關鍵字** »»»

環境影響評估、策略環境影響評估、生命週期評估、環境標章、綠色採購法

 環境影響評估

環境影響評估法

舉凡道路、港灣、鐵路、水庫、機場、發電廠等社會基礎建設是目前生活裡不可或缺的一環。但是這些社會基礎建設的興建和營運管理常常伴隨著很大的環境負荷。有時得砍伐森林，有時也會發生將潟湖填平的情況。道路完成之後，隨交通流量的增加，也會產生大氣污染和噪音。火力發電廠更是大氣污染和二氧化碳的主要排放源。

對於某設施在興建中與完成後對環境造成影響的評估，在事業實施前就必須進行整個事業的**環境影響評估**（environmental impact assessment, EIA）。在日本，一定規劃以上的公共工程實施之前，依據環境影響評估法，該事業主管機關有必須對該事業進行環境影響評估之義務。

全世界中，環境影響評估在美國最早被法制化（1969年）。

日本於1972年因港灣整備和填海工程等公共工程的進行，為保護當地環境而由內閣決定對這些重大公共工程實施環境影響評估。之後，1970年代後半，不少地方政府如神奈川縣川崎市等制定了自己的環境影響評估條例，將各種開發行為納入環境影響評估的對象。但是此時，中央政府還沒有建立統一的制度。1981至1983年，當時的環境廳首先嘗試將環境影響評估建立全國的標準，但因為企業家與相關的中央政府單位怕造成開發案延遲而反對，結果沒有立法成功。一個暫時的方案，是由內閣會議於1984年決定對國家的大型公共工程實施環境影響評估。直到1997年「環境影響評估法」正式立法之前，這個決議是中央政府等級實施環境影響評估的法律依據。

1993年日本制定了「環境基本法」，以此為契機，環境影響評估的立法又再次被重視，而於1997年終於制定了中央單位層級的「環境影響評

估法」。這在先進國家之中，進度是最慢的。

程序

圖13-1為日本「環境影響評估法」所規定的評估階段程序。

首先，進行事業的範疇界定（scoping）（日文：スコーピング），由事業開發單位（業者）製作該事業將進行的環境影響評估內容的「方法書」。因事業的種類和實施的場所而異，調查和評估的項目與時間、空間範圍也會有所不同，因此必須有詳細的範疇界定。

舉例來說，若是道路工程的話，興建期間必須評估對周邊自然環境的影響等，而營運期間之後的評估重點就會是汽機車的通過產生的大氣污

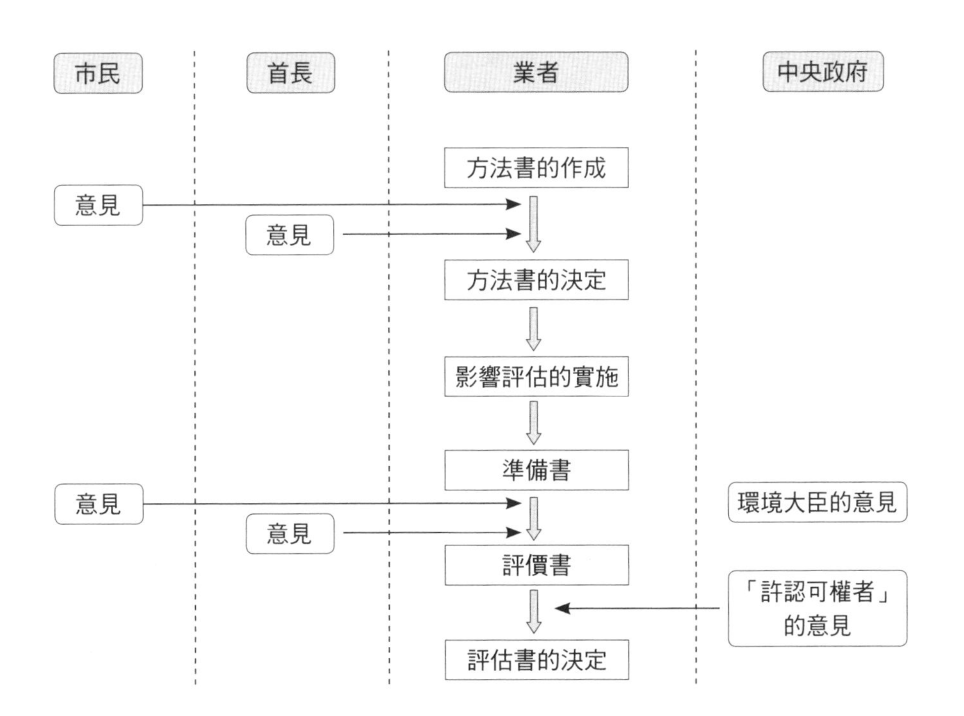

圖13-1　環境影響評估的實施程序

染與噪音污染對附近環境的影響等。水庫的開發之環境影響評估就非常複雜，在興建期間的評估重點在於沉水區域及周邊的自然環境影響等，營運期間以後的重點為水質的變化對自然生態環境造成的影響等。

業者在擬定好「方法書」（草案）之後，將「方法書」（草案）送到相關的地方政府單位（包括都道府縣及市町村）。之後的一個月期間，在地方政府的辦公場所及業者的事務所公開陳覽，只要是關心這個事業的任何人都可以閱覽。這個階段稱為「公開閱覽」（日文：縦覧）。

若對於「方法書」有意見的人，可以對業者或地方政府提出「意見書」。業者也將收到的「意見書」匯整呈報給所有相關的地方政府單位首長（都道府縣知事與市町村長）。之後，由都道府縣知事統整匯集的意見，向業者陳述。業者再依據綜合的意見，決定「方法書」的最終版本。

之後，業者依據「方法書」所擬定的內容實施環境影響評估，包括調查環境現狀、預測隨開發產生的環境影響，並依據預測結果擬定環境保護對策。若以道路興建造成的噪音衝擊評估為例，在此階段業者必須在建設預定地區域進行現狀噪音的量測，預測道路開通之後的交通流量及其產生的噪音，並評估這些噪音對周圍環境可能造成的損害，並擬定必要的噪音防制對策。

環境影響評估完成之後，業者將結果製作成「準備書」，呈交給都相關的道府縣知事與市町村長等地方政治首長。然後地方政府公告「準備書」完成，和「方法書」一樣，在之後的一個月期間，於地方政府的辦公場所及業者的事務所進行「公開閱覽」（日文：縦覧）。而在這期間內，業者也應舉辦住民說明會，向相關民眾說明評估的細節（譯註：在2011年通過的修正版中，也增加網路上的公開閱覽程序）。

若民眾對「準備書」有疑問，也可以提出「意見書」，都道府縣知事會根據市町村長及市民的意見陳述給業者。

根據所得到的意見，業者必須再檢討其「準備書」的內容，再修訂成「評價書」。「評價書」會呈送給事業的「許認可權者」（意即事業相關的中央主管單位首長，道路和機場的話為國土交通大臣，發電廠的話為經濟產業大臣）與環境大臣，由相關的機關進行審查。環境大臣會將必要的意見先呈送給事業相關的中央主管單位之「許認可權者」，然後由「許認可權者」依據環境大臣的意見統整之後向業者陳述。

之後業者依據收到的意見檢討其「評價書」的內容，再回覆給相關單位確認，修訂內容經同意後，才確定「評價書」。之後業者將確認的「評價書」呈送給相關的都道府縣知事、市町村長及「許認可權者」。然後對「評價書」確定一事進行公告，再將最後版本「評價書」的進行一個月期間的「公開閱覽」。全部結束之後，環境影響評估的手續才算結束。在「『評價書』之確定」未進行公告前，業者不得進行該事業的施工。

策略環境影響評估

到目前為止，環境影響評估的作業有許多的批評聲浪，包括「準備書」不易理解、若不公開徵求意見環境大臣不應陳述意見等等。針對許多的意見，環境影響評估法也一直不斷地進行修訂。但對於環境影響評估應該於什麼時點進行評估，這點仍然有許多爭議，尚未解決。

環境影響評估實施的對象，必須為一個已經決定的具體事業內容，因此也可認為是一種事業環境影響評估。若事業的詳細內容沒有決定的話，具體的環境影響評估也無法進行。

但是當事業環境影響評估進行的時候，某種程度該事業已經歷經許多籌劃和準備的階段，其實已經投入了相當的時間和費用。因此若環境影響評估的結果認定該事業對環境會有顯著影響的話，該事業可能會面臨大幅修改甚至終止的情形，現實上有時會滯礙難行，而有時甚至可能已經無法回復最開始的狀態。因此，市民與地方公共團體出現對業者批評的意

見。民眾認為，當業者強行進行環境影響評估的話，通過之後施工時可能會造成比預期更大的環境破壞。

因此，對於在計畫初步階段進行的計畫環境影響評估，與對於計畫實施根據的政策進行環境影響評估，這兩類的「策略環境影響評估」（strategic environmental assessment, SEA）（日文：戦略的環境アセスメント）慢慢被導入日本的環評整體架構之中。由於「計畫環境影響評估」和「政策環境影響評估」的區分，目前在日本尚未有具體的界定，因此都統稱為「策略環境影響評估」。

「策略環境影響評估」目前在部分地方政府進行實驗性的實施（譯註：在2011年的法律修定版中，已經將「策略環境影響評估」納為正式評估要項）。

「策略環境影響評估」的實施方法，在此以興建外環道路計畫為例進行說明。在這樣的道路計畫進行規劃時，可將原來規劃的路線與數個可能的代替方案及「零方案」（zero option）一起進行視為評估對象進行評估。然後，各個方案興建期間與建設後產生的成本、效益與環境影響一起比較。在此例中，由於「零方案」的狀況中，現有道路的車流量可能會隨社會經濟狀況增加或減少，也需要進行相關的預測一起納入評估。最後根據這些可能方案的概要和整體環境影響評估的結果，業者與市民及專家一起進行討論，在反覆的討論過程中，找出對全體利害關係者最能接受的方案。

值得注意的是，在前節事業環境影響評估之中，沒有特別對替代方案進行評估，因此「策略環境影響評估」的導入，可更廣泛考量其他對環境更低衝擊的替代方案。

方案決策

無論是事業環境影響評估或是策略環境影響評估，都是對某件事物的環境影響進行「評估」。但一個事業是否進行，在現實上不僅僅考慮環境面的影響，也必須考慮該事業的社會必要性、財務可行性、經濟效果等因素。

有時當某個事業的環境影響很大，但因為對社會必要性比環境影響綜合評估後比環境影響更重要的時候，該事業還是應該實施。而因此在策略環境影響評估中，有時就會將環境影響最小的A案捨棄而採用經濟效果大的B案，這類的狀況發生。

這樣的評估結果，意謂著使用環境影響、事業的社會必要性、或經濟效果等單一指標來決定最終方案是不適當的。而各個利害關係者的判斷很多時候都參雜主觀的考量，而最終就變成由單位首長或是大臣等最終決策者下決定。但是前述的環境影響評估仍是為了保護環境而提供的重要「工具」這點仍無庸置疑。不過這個「工具」該如何使用仍與最終決策者的判斷息息相關。環境影響評估在整個實施的過程中，有許多階段都涉及眾多利害關係者之間的意見整合，雖然較未實施時好的許多，但仍不能保證最後能整合出滿足所有利害關係者的最後方案。

生命週期評估

方法

生命週期評估（life-cycle assessment, LCA）（日文：ライフサイクル アセスメント）是一個可以科學地評估我們日常生活所用的製品甚至於服務，於不同階段所造成多少環境影響的評估方法。從製品的原料使用、製造過程、運輸過程、使用階段、廢棄、處理（包括再生利用）與處份等產品的整個生命週期（life cycle）各個階段發生的環境影響，LCA可以對這些進行綜合評估。**圖13-2**是LCA的評估概念和流程。

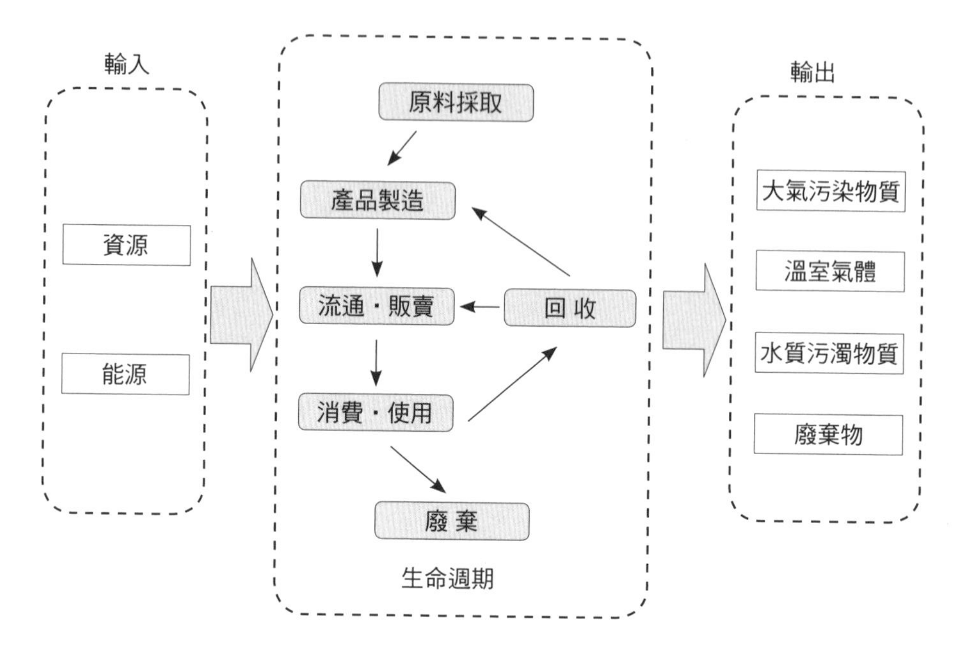

圖13-2　LCA的評估概念和流程

在LCA的評估過程中，與環境影響評估一樣，先定義出與評估對象物有關的項目和分析的時間、空間範圍，稱為目標與範疇界定（goal and scope definition）。之後將評估對象物生命週期的各階段消費（使用）的資源量與能源量算出，這個值可視為評估對象從自然界得到的「輸入」；同時，各個階段產生的污染物質與廢棄物則可以視為評估對象排放到自然界的「輸出」。

與評估對象物相關的所有項目經過上述的計算可得到消費資源量、消費能源量、排出的污染物質與廢棄物等物質流與能源流的清單，這個計算過程稱為盤查分析（life-cycle inventory analysis, LCIA）（日文：インベントリ分析）。

之後將盤查分析所得到的結果對照研究目的進行綜合評估，例如針對該產品在生命週期中對人體健康、生態毒性、資源消耗與社會衝擊等面向的影響程度，這個評估階段稱為生命週期評估。

在目標與範疇界定、LCIA、LCA的階段中，個別得到的結果也都可透過分析與闡釋（interpretation），找出適合的產品環境管理策略。

以日本某地販賣的汽車的LCA的分析為例來討論的話，為了這個汽車車身鋼板的製造，需要鐵礦石、煤，這些鐵礦和煤有些是在日本開採，也有部分是從國外的礦山開採再運到日本的工廠。在工廠裡，製造鋼板也會使用大量的燃料、石油與工業用水。上述的這些物質和能源都是鋼板部分的「輸入」。而製造鋼板時，也會產生大量的廢水、大氣污染物質與溫室氣體等排放到自然界的「輸出」。而不只有鋼板，生產汽車時還會使用到大量的塑膠、玻璃與橡膠等。一樣這些製品都有各自的「輸入」與「輸出」。

從材料製造完成後，會送到汽車工廠組裝，在工廠裡也會使用大量電力、工業用水、溶劑等「輸入」，也會產生許多污染物質、溫室氣體與廢棄物等「輸出」。汽車組裝完後，也需要消耗汽油將汽車運到賣場，運輸過程一樣會消耗汽油（輸入），也排出大氣污染物等（輸出）。

消費者購買車輛後，在開車時會消耗汽油（輸入），也排出大氣污染物等（輸出）。

當一定時間，車子變成中古車，甚至被報廢拿去回收後，在汽車解體時，也需要用到重機械，消耗一定程度的電力和燃料（輸入），然後由重機械排出一些廢氣與溫室氣體（輸出），而不能回收的物質就成為廢棄物（輸出）。這些廢棄物運到掩埋場的過程中，一樣運輸車會消耗汽油（輸入），也排出大氣污染物等（輸出）。

因此對汽車的生命週期而言，有許多的「輸入」與「輸出」項目存在。LCIA分析中將這些「輸入」與「輸出」的物質流與能量流一個一個估算出來。然後，之後的LCA中，將LCIA分析的結果，用適當的權重與面向的分析做出綜合評估。經過這些過程，就可以評出這台汽車的整體生命週期對環境造成的影響。

若重複一樣的評估過程，也可以用LCA對不同地方、不同廠牌、不同製程的汽車商品算出各自的環境負荷。若比較這些環境商品的生命週期環境負荷的話，環境負荷最小的商品，就可以說是對環境較為友善。LCA的方法被規範在國際組織標準（International Organization for Standardization, ISO）所訂定的國際規格編號ISO 14040裡，也是目前主要判斷產品的環境友善程度，做為「綠色採購」時的主要準則。

結果的闡釋

LCA與環境影響評估一樣都是為了保護環境使用的評估工具，可以依據使用者的評估目的，選擇適當的評估方法。

盤查分析的盤查其日文原文「インベントリ」在日文也有目錄的意思。盤查分析裡所解析的「輸入」與「輸出」裡類似目錄有許多的項目，要把這些項目計算出的結果整合成一個單一指標是很不容易的事，不易算出客觀的結果。因此一個可行的方式，是比較最後各個產品的個別項目值，例如比較兩個產品的廢棄物產生量或水質污濁物質排放量等。可依據評估的目的比較出在某個面向對環境最友善的商品。因此在這個階段，很容易出現比較主觀的判斷。

例如在第二章裡提到的汽油車與柴油車的比較例子，前者會排出較多的懸浮微粒但排出較少的氮氧化物，後者會排出較少的二氧化碳。因此必須考量研究區域實際的大氣污染狀況與課題，判斷是該減少該區域的傳統型大氣污染物質，或強調該區域的溫室氣體排放量減量，來決定該區域應該使用哪一個類型的車子。

紙尿布與布尿布的選擇其實也是一個難題。前者大部分都直接丟棄成為廢棄物，焚化處理時需要消耗一定程度的燃料，掩埋的話又會產生大量溫室氣體。後者雖然廢棄物的量較少，但清洗時需要消耗大量的水，而且造成污水排放。如果用乾燥機烘乾布尿布的話又會消費一定的電力。因此若在一個水資源不充足的區域的話，使用紙尿布可能會是一個對環境較友善的選擇。

能源轉換效率差的電冰箱該不該換成省電的新型電冰箱，這是許多家庭一直猶豫不決的問題，也很難簡單地直接回答。電冰箱的省電功能隨技術進步每年一直都在提升。若考慮省電效果的話，儘可能經常更換是不錯的作法。但一旦買了新的電冰箱，那舊的就變成了廢棄物。因此也可以利用LCA比較整個生命週期中，兩者的電力消費量與廢棄物產生量的數值來做選擇。

另外經常使用LCA的分析，還有玻璃瓶、金屬罐、保特瓶等容器包裝材質的選擇問題。使用有些玻璃瓶重量較重，因此在運輸時會消耗較多的能源，但若考慮再生利用的話，有些玻璃瓶可再生利用的次數較多，會有較少的廢棄物產生量。在實際比較時，也必須對研究對象進行詳細的LCA評估，才能判斷出在研究者所重視的目標下，哪種材質會是對環境較友善的材質。

環境標章

目前世界各國實施的「環境標章」（日文：環境レベル）與「綠色採購」（日文：グリーン購入）是現實生活中實際應用LCA的好例子。

環境標章是ISO為了促進消費者購買對環境友善的商品及服務，為了讓消費者能夠清楚辨識哪些商品或服務是對環境較友善，而訂定的國際規格（編號為ISO 14020）。其目的為「可以檢證，透過正確地，不招致誤解的情報交換，促進環境負荷較少的商品與服務的供給與需求」。

各國的環境標章制度中，最早開始的是1978年德國推行的「藍天使」（The Blue Angel）制度，其次為1989年開始的日本的「生態標章」（Eco Mark）（日文：エコマーク）制度（如圖13-3所示）。

圖13-3　日本的「生態標章」圖案

「生態標章」是財團法人日本環境協會主辦，該會成立一個專門審查委員會，審查申請者的產品是否對環境有較小的影響。大致有以下二個原則：

1.與該商品相關，從生產到廢棄的生命週期整體對環境的負荷，與類似的商品比較，是否環境負荷相對地較小。
2.使用這個商品的話，是否會有促進社會整體對環境保護意識提高的效果，或降低其他相關活動的環境負荷。

綠色採購

日本於2000年制定「綠色採購法」，其目的為國家等公務機關推動購買「環境友善商品」（日本法規中使用的名詞為「環境物品」），規定各級政府等公務機關在進行採購時，應儘可能購買對環境較友善的商品。

在日本的「綠色採購法」中，明訂了幾個環境友善商品的判斷原則，以下為一個重要的原則：

> 「由以下的幾個原則可以認定某製品會有益於減少環境負荷：使用環境負荷較低的原材料；在使用階段會排放較少的溫室氣體；使用後該製品的一部分仍可以再生利用因而減少廢棄物的產生。」（第2條第1項第2號）

這個規定也是以「環境友善商品」及LCA的概念為基礎說明環境友善商品該有的特性。

「生態標章」與「綠色採購法」雖然沒有法律上的直接關係，在「綠色採購法」實行時，一般公務單位大多以「生態標章」做為判斷基準。

「綠色採購法」雖然效力僅限於公部門，但對社會產生的影響非常地大。以2005年度的統計來看，在中央政府部門的採購紀錄中，146類物品裡有136類（93.2%），95%以上的「環境友善商品」被採購。政府的一般公用車於2004年度以後也全使用（100%）低污染排放的車種。2005年度因「綠色採購法」而導致的溫室氣體排放量削減量據估計為2萬473公噸，約等同於家庭部門9,600人的二氧化碳排放量。

另一方面，一般的民間企業對物品的採購是屬於民間的自由，所以目前還沒有將民間企業納入「綠色採購法」的規範對象。因此民間企業目前沒有義務一定要採購「環境友善商品」。不過政府在制定此法還有一個目的，是希望藉由政府大力採購「環境友善商品」的情形下，也順勢改變包括民間企業等所有私部門消費者的消費行為，因而達成促進永續發展的消費行為。

實際上，雖然民間企業不在「綠色採購法」的規範對象之中，但也有許多企業持續推動「環境友善商品」的採購。日本的企業、政府、消費者於1996年成立了一個「綠色採購網絡」，這個跨產官民的組織的宗旨是推動「環境友善商品」的消費與相關的環境教育活動，撰寫相關的教材，並成立一個「環境友善商品」的資料庫（www.gpn.jp）。截至2008年4月，該組織有2,942個團體會員（企業2,371、行政279、民間團體292）。

為了促進社會的永續發展，從個人開始，到整個社會，都一定得盡最大努力減少自己行為對環境的負面影響。因此，隨著科學技術的發展，我們也該以科學的資料找出對環境最友善的生活方式，降低生活中產生的環境負荷。因此環境影響評估與環境標章在此可以做為實用的評估工具。

專欄 藤前潟湖

在日本中部地區名古屋市附近的伊勢灣裡，流入名古屋港的庄內川、新川、日光川等河的匯流處，有一個面積約90公頃的藤前潟湖（潟湖的日文為：干潟）。鷸與鴴等候鳥會在春天與秋天的時候，以藤前潟湖做為日本裡最大的中繼休息站，往來過冬的澳洲與繁殖地的西伯利亞。每年約有1萬隻會在這裡休息，補食附近的魚類。

由於名古屋市從1982年起一直使用的位於其岐阜縣多治見市的愛岐掩埋場容量愈來愈有限，藤前潟湖曾經被列為垃圾掩埋場的候選場址。而地方政府有打算將此潟湖填平為陸地，做為名古屋市之後使用的垃圾掩埋場。

在名古屋市實施環境影響評估之時，評估結果指出，此垃圾掩埋場興建計畫將會明顯影響此區域候鳥的棲息環境。但是因為名古屋市當時沒有其他的候選場址，因此改變原來計畫，改為將填平的面積縮小，而持續推動該計畫的工程。

此修訂的計畫仍遭到「藤前潟湖守護會」（日文為：藤前干潟を

守り会）等市民團體與自然團體的強烈反對。而媒體也因此針對此議題，向日本全國報導相關的社會問題，而引起全日本民眾的關注。

因為這個案子的環境影響評估是在日本中央政府的「環境影響評估法」成立之前實施的，因此當時的日本環境廳（現在的環境省）沒有中止這個計畫的權限。1999年環境廳正式表示「如果要在當地重新再造類似藤前瀉湖這樣的人工瀉湖，現在當地的生態環境是很難再重現的」。之後，名古屋市政府也終於表示，「經過再三的深思熟慮之後，我們做出痛苦的決定」，表示願意中止這個掩埋場的興建案。

從這個案例可觀察到，環境影響評估並不是只有發揮保護環境的作用。環境影響評估的結果，就算某個事業對環境有顯著影響，若決策者綜合考慮其社會必要性，認為社會必要性大於環境影響的程度的話，最後仍有可能會實施。因此，在剛剛的案例裡，最後中止掩埋場興建的不是環境影響評估的結果，而是反對興建的市民團體等的意見被關心此事的政治人物所重視，最後下令中止。

而因為掩埋場無法興建，名古屋市政府也在1999年發表「垃圾緊急狀態宣言」（日文：ごみ非常事態宣言），呼籲市民徹底配合進行垃圾減量與垃圾分類。而由於市民的共同努力，在「垃圾緊急狀態宣言」公布後二年，垃圾的產生量減少了26%，掩埋場減少了52%。同時，原來使用的愛岐掩埋場也進行了擴建工程。

但是，在這個案例中，為了保護瀉湖，其實代價並不低。

「垃圾緊急狀態宣言」宣布後二年間，資源回收的垃圾增為226%（增加126%），也增加了回收再利用的費用。全市的廢棄物處理費用也從1998年度的434億日圓，增高到2000年度的474億日圓，增加了近50億日圓。雖然之後的費用增幅就只比「垃圾緊急狀態宣言」宣布前高數億日圓。不過仍然有一定程度的稅金被使用於這個項目上。

另一方面，藤前瀉湖後來被政府指定為「鳥獸保護區特別保護區」（日文：鳥獣保護区特別保護区），嚴格限制各種開發行為。2002年11月，該地也登錄在國際重要有關水鳥棲息地與濕地保護的拉姆薩公約（Ramsar Convention）裡，成為國際有名的濕地保護區。

參考文獻

青柳みどり [2008]「市民の環境意識・環境知識」『人間環境論集』法政大学人間環境学会，第8巻， 79～94頁（第1章，第9章）

赤祖父俊一 [2008]『正しく知る地球温暖化』誠文堂新光社（第9章）

悪臭法令研究会編 [1999]『ハンドブック 悪臭防止法』3訂版，ぎょうせい（第5章）

市川陽一 [1998]『大氣環境学会誌』33（2），A9-A18。

岩淵令治 [2004]「江戸のゴミ処理再考り——“リサイクル都市”・“清潔都市”像を超えて」『国立歴史民俗博物館研究報告』No.118，301～36頁（第3章，第6章）

遠藤崇浩 [2008]「ユーフラテス川をめぐる国際河川紛争——その対立点と協調の可能性」蔵治光一郎編『水をめぐるガバナンス』東進堂（第11章）

大阪市下水道局 [1990]『大阪市下水道事業誌（第3巻）』大阪市下水道技術協会（第3章）

大場英樹 [1979]『環境問題と世界史』公害対策技術同友会（第3章）

川島博之 [2008]『世界の食料生産とバイオマスエネルギー——2050年の展望』東京大学出版会（第12章）

川平浩二・牧野行雄 [1989]『オゾン消失』読売新聞社（第8章）

環境アセスメント研究会編 [2007]『実践ガイド環境アセスメント』ぎょうせい（第13章）

環境庁地球環境部監修 [1995]『オゾン層破壊』中央法規出版（第8章）

環境庁地球環境部監修 [1997]『酸性雨』中央法規出版（第10章）

九州大学工学部環境システム工学研究センター [1996]『環境コストと産業・企業』IES Report No.5（第2章）

金原粲監修，渡辺征夫ほか著 [2006]『環境科学』実教出版（第2～10章）

公害防止の技術と法規編集委員会編 [2007]『新・公害防止の技術と法規2007水

質編』産業環境管理協会（第4章）

公害防止の技術と法規編集委員会編 [2007]『新・公害防止の技術と法規2007騒音・振動編』産業環境管理協会（第5章）

公害防止の技術と法規編集委員会編 [2007]『新・公害防止の技術と法規2007大気編』産業環境管理協会（第2章）

国際環境技術移転研究センター編 [1992]『四日市公害・環境改善の歩み』国際環境技術移転研究センター（第2章）

世界水ビジョン川と水委員会編 [2001]『世界水ビジョン』山海堂（第11章）

高橋裕 [2003]『地球の水が危ない』岩波書店（第11章）

武田育郎 [2001]『水と水質環境の基礎知識』オーム社（第4章）

地球環境戦略研究機関 [2006]『持続可能なアジア——2005年以降の展望』（IGES白書）技堂報出版（第10章）

中国環境問題研究会編 [2004]『中国環境問題ハンドブック（2005-2006年版）』蒼蒼社（第12章）

中国環境問題研究会編 [2007]『中国環境問題ハンドブック（2007-2008年版）』蒼蒼社（第12章）

東京都公害研究所編 [1970]『公害と東京都』東京都公害研究所（第3章）

中江克己 [2005]『「お江戸」の素朴な大疑問』PHP研究所（第6章）

中西準子 [1994]『水の環境戦略』岩波書店（第7章）

中西準子・益永茂樹・松田裕之編 [1994]『演習 環境リスクを計算する』岩波書店（第3章，第7章）

日本下水道協会 [1989]『日本下水道史（総集編）』日本下水道協会（第3章）

農林水產省 [2007]『海外食料需給レポート 2007』農林水產省（第12章）

畠山史郎 [2003]『酸性雨』日本評論社（第10章）

花木啟祐 [2007]「地球温暖化の見通しと低炭素社會形成の必要性」『学術の動向』7月号，8～11頁（第12 章）

日引聡 [2008]「環境経済学から見た環境問題解決へのアプローチ——ごみ問題解決の考え方」『人間環境論集』法政大学人間環境学会，第8巻，65～78頁

（第6章）

藤倉良 [2005],「生物多様性条約とカルタヘナ議定書」西井正弘編『地球環境条約』有斐閣，114～140頁（第1章）

ポステル、サンドラ（福岡克也監訳）[2000]『水不足が世界を脅かす』家の光協会（第11章）

松藤敏彦 [2007]『ごみ問題の総合的理解のために』技報堂出版（第6章）

松野裕 [1996]「公害健康被害補償制度成立過程の政治経済分析」『経済論叢』，京都大学経済学会，第157巻第5・6号（第2章）

若林敬子 [2005]『中国の人口問題と社会的現実』ミネルヴァ書房（第12章）

Brimblecombe, P. [1987], *The Big Smoke*, Methuen（第2章）

IPCC [1990]「第1次評価報告書第1作業部会報告書」（第9章）

IPCC [2007]「第4次評価報告書第1作業部会報告書」（第1章，第9章）

Miller, G. T., Jr. [2003] *Environmental Science*, 9th ed., Brooks/Core, Pacific Grove.（第2章，第7章，第11章）

OECD [2007] *OECD Environment Performance Reviews: CHINA*, OECD（第12章）

Oreskes, N. [2004] "The Scientific Consensus on Climate Change," *Science*, Vol. 306, p. 1686（第9章）

Ueta, K. [2005] "The Link Between Compliance at the Local Level and Global Environmental Goals: Waste Reduction Measures in Nagoya City, "Bianchi, A., W. Cruz, and M. Nakamura eds. *Local Approaches to Environmental Compliance: Japanese Case Studies and Lessons for Developing Countries*, The World Bank, pp. 19-51（第13章）

World Bank [2003] *Montreal Protocol*, September（第8章）

網站

外務省　http://www.mofa.go.jp/mofaj/（第3章，第12章）

環境再生保全機構　http://www.erca.go.jp/（第2章，第10章）

環境省　http://www.env.go.jp/（第2～13章）

公害等調整委員會　http://www.soumu.go.jp/kouchoi/（第5章）

厚生労働省　http://www.mhlw.go.jp/（第3章）

高知県庁　http://www.pref.kochi.jp/（第3章）

東京都杉並区役所　http:// www.city.suginami.tokyo.jp/（第6章）

名古屋市役所　http://www.city.nagoya.jp/（第13章）

日本生活協同組合連合会　http://jccu.coop/（第6章）

横浜市水道局　http://www.city.yokohama.jp/me/suidou（第3章）

EICネット　「環境用語検索」　http://www.eic.or.jp/（第2～13章）

FAO（国連食糧農業機関）　http://www.fao.org/（第11章）

IARC　http://www.iarc.fr./（第7章）

附表一　水質與土壤的環境標準

項目	自來水水質標準	水質環境標準	土壤環境標準	土壤環境標準（農業用地）
鎘	0.01 mg/L 以下	同左	同左	米1公斤不得超過1mg
總氰化物	0.01 mg/L 以下	不得檢出	同左	
鉛	0.01 mg/L 以下	同左	同左	
六價鉻	0.05 mg/L 以下	同左	同左	
砷	0.01 mg/L 以下	同左	同左	農田的土壤1kg不得超過15mg
總汞	0.005 mg/L 以下	同左	同左	
甲基汞		不得檢出	同左	
PCB		不得檢出	同左	
二氯甲烷	0.02 mg/L 以下	同左	同左	
四氯化碳	0.002 mg/L 以下	同左	同左	
1,2-二氯乙烷		0.004 mg/L 以下	同左	
1,1-二氯乙烯	0.02 mg/L 以下	同左	同左	
cis-1,2-二氯乙烯	0.04 mg/L 以下	同左	同左	
1,1,1-三氯乙烷		1 mg/L 以下	同左	
1,1,2-三氯乙烷		0.006 mg/L 以下	同左	
三氯乙烯	0.03 mg/L 以下	同左	同左	
四氯乙烯	0.01 mg/L 以下	同左	同左	
1,3-二氯丙烯		0.002 mg/L 以下	同左	
秋蘭姆（thiuram）		0.006 mg/L 以下	同左	
草滅淨（simazine）		0.003 mg/L 以下	同左	
禾草丹（thiobencarb）		0.002 mg/L 以下	同左	
苯	0.01 mg/L 以下	同左	同左	
硒	0.01 mg/L 以下	同左	同左	
氟	0.8 mg/L 以下	同左	同左	
硼	1 mg/L 以下	同左	同左	
硝酸氮或亞硝酸氮	10 mg/L 以下	同左		
有機磷			不得檢出	
銅	1 mg/L 以下			農田的土壤1kg不得超過125mg

資料來源：日本環境省網頁。

附表二　噪音的環境標準

地域的類型	基準值	
	日間	夜間
AA	50dB以下	40dB以下
A或B	55dB以下	45dB以下
C	60dB以下	50dB以下

註：

1.時段的區分上，日間為上午6時到下午10時；夜間為下午10時至翌日上午6時。

2.AA的區域包括療養設施、社會福祉設施等集合設施的區域等特別需要安靜空間的地區。

3.A區域為單純的住宅區。

4.B區域為住宅區為主的地域。

5.C區域為住宅、商業、工業混合的地域。

若是在主要面向道路的區域的話，上表的標準就不適用，而是以下表為基準值。

地域的區分	基準值	
	日間	夜間
A地域裡，面向2線車道以上道路的區域	60dB以下	55dB以下
B地域裡，面向2線車道以上道路的區域或是C地域裡，面向有車線道路的區域	65dB以下	60dB以下

而若是在主要交通幹道附近的空間的話，上表就不適用，而是視為特例，使用下表為基準值。

基準值	
日間	夜間
70dB以下	65dB以下
註： 若個別住宅因受道路噪音影響而必須將門窗緊閉才能隔絕噪音干擾的狀況，經過認定的話，可適用以下特別的標準。穿過牆壁透入屋內的噪音基準為：日間45dB以下；夜間40dB以下。	

航空噪音相關的環境標準（目前預定修訂中）

地域的類型	基準值（單位：WECPNL）
I	70以下
II	75以下

I區域為單純的住宅區。

II區域為地域I以外的地區，需要維持一般生活機能的地域。

註：

WEPPNL= dB + 10×log N－27

$N = N_2 + 3 \times N_3 + 10 \times (N_1 + N_4)$

其中 dB為1日中最高噪音值的指數加權平均值。

N_1為上午零時至上午7時之間的飛機通過數；

N_2為上午7時至下午7時之間的飛機通過數；

N_3為下午7時至下午10時之間的飛機通過數；

N_4為下午10時至上午零時之間的飛機通過數。

資料來源：日本環境省網頁。

附表三　產業廢棄物的種類

種類	說明例	行業
1. 燃燒灰渣	煤灰渣、灰渣、焦炭渣	
2. 污泥	活性污泥法處理後污泥、木漿廢液處理後之污泥、碳化物污泥、碳酸鈣污泥	
3. 廢油	廢潤滑油、廢絕緣劑、廢切削用油、廢焦油、動植物性油脂	
4. 廢酸	廢硫酸、廢鹽酸	
5. 廢鹼	廢鹼性蘇打液、廢氨液	
6. 廢塑膠	廢塑膠容器、廢合成纖維、廢輪胎	
7. 廢紙	紙、廢紙板	木漿、紙、紙加工品製造業、印刷出版業、新聞業、裝訂業
	建築工事產生的廢紙屑	建設業
8. 廢木材	木片、樹皮	木材、木製品製造業、家具製造業、木漿製造業、輸入木材製造業
	建築工事產生的廢木屑	建設業
9. 廢纖維	木棉、羊毛、布、麻等天然纖維碎屑	纖維工業（縫製業除外）
	建築工事產生的廢纖維	建設業
10.動物性殘渣	製糖產生殘渣、酒粕、廢棄的魚或家畜內臟	食物製造業、醫藥品製造業、香料製造業
11.動物由來的固體廢棄物		畜產農業、雞肉食品處理廠
12.廢橡膠	天然橡膠碎屑	
13.廢金屬屑	舊鐵器、馬口鐵屑、廢鉛板、廢鉛管	
14.廢玻璃屑、廢水泥、陶瓷碎屑	廢玻璃瓶、陶瓷碎屑、廢耐火磚、廢水泥管、廢棄水泥製品	
15.礦渣	高爐產生的礦渣、鑄造物廢砂、不純礦石	
16. 廢瓦礫	建築工程或建物改建產生的廢瓦礫、廢磚瓦、廢石棉瓦片	
17.家畜排泄物	牛、豬、雞等家畜的糞尿	畜產農業

18.家畜屍體	牛、豬、雞等家畜的屍體	畜產農業
19.灰塵	集塵器收集的灰塵	
20.應處分之廢棄物	上述項目之外，必須特別處理處分之廢棄物	

註：若沒有特別標定特定行業的話，表示只要是事業活動產生的所有產業廢棄物都可認定為該類產業廢棄物。

資料來源：日本環境省網頁。

環境科學概論 文系のための環境科學入門

作　　者／藤倉良、藤倉まなみ
譯　　者／翁御棋、李文英
出 版 者／揚智文化事業股份有限公司
發 行 人／葉忠賢
總 編 輯／馬琦涵
執行編輯／吳韻如
地　　址／222 新北市深坑區北深路 3 段 260 號 8 樓
電　　話／(02)8662-6826
傳　　真／(02)2664-7633
網　　址／http://www.ycrc.com.tw
E-mail／service@ycrc.com.tw
印　　刷／鼎易印刷事業股份有限公司
ISBN／978-986-298-164-1
初版一刷／2014 年 12 月
定　　價／新台幣 350 元

國家圖書館出版品預行編目（CIP）資料

環境科學概論 / 藤倉良, 藤倉まなみ著 ; 翁御棋, 李文英譯. -- 初版. -- 新北市：揚智, 2014. 12

面；　公分 --

譯自：文系のための環境科学入門

ISBN　978-986-298-164-1（平裝）

1.環境科學

445.9　　　　103022447